教育部-阿里云产学合作协同育人项目

计算之美
——计算思维启迪教程

主编 陈 龙 乔亚男
参编 黄 鑫 张 喆 杨义军
安 健 房琛琛 薄钧戈

西安交通大学出版社
XI'AN JIAOTONG UNIVERSITY PRESS

内容简介

本书立足通识教育，以培养学生的计算思维为出发点，通过对计算机领域中基础知识和前沿技术通俗易懂并富有趣味性的讲授，向学生展示计算机领域的丰富和华美，以提高学生的计算科学素养和计算机应用能力，激发学生学习计算机、投身计算机领域的热情和动力。全书共分6章：第1章围绕计算和计算思维展开，对计算机的产生背景、发展历程、热点问题及计算机领域的伦理和道德问题进行了阐述；第2章从计算机模型的演变出发，向读者展示了计算机从理论到实践的全过程，旨在让读者领略计算机设计之精妙；第3～6章对虚拟现实、云计算、物联网、区块链、大数据和人工智能等几个前沿技术进行了专题介绍，让读者从"是什么""为什么""干什么"及"怎么干"四个方面对计算机各领域有一个宏观的认识。

本书适合作为大学本科通识教育课程"大学计算机基础"的教材，也可作为计算机爱好者的参考用书。

图书在版编目(CIP)数据

计算之美：计算思维启迪教程 / 陈龙，乔亚男主编. —西安：西安交通大学出版社，2021.10(2024.8重印)
ISBN 978-7-5605-8279-5

Ⅰ.①计… Ⅱ.①陈… ②乔… Ⅲ.①计算机技术－高等学校－教材 Ⅳ.①TP3

中国版本图书馆CIP数据核字(2021)第222362号

书　　名　计算之美——计算思维启迪教程
　　　　　JISUAN ZHI MEI——JISUAN SIWEI QIDI JIAOCHENG
主　　编　陈　龙　乔亚男
策划编辑　贺峰涛
责任编辑　王　娜
责任校对　邓　瑞

出版发行　西安交通大学出版社
　　　　　(西安市兴庆南路1号　邮政编码710048)
网　　址　http://www.xjtupress.com
电　　话　(029)82668357　82667874(市场营销中心)
传　　真　(029)82668315(总编办)
　　　　　(029)82668280
印　　刷　西安日报社印务中心

开　　本　787 mm×1092 mm　1/16　印　张　9.375　字　数　234千字
版次印次　2021年10月第1版　2024年8月第2次印刷
书　　号　ISBN 978-7-5605-8279-5
定　　价　28.00元

如发现印装质量问题，请与本社市场营销中心联系。
订购热线：(029)82665248　(029)82667874
投稿热线：(029)82668818　QQ：465094271
电子信箱：465094271@qq.com

序

进入 21 世纪以来，社会信息化不断向纵深发展，各行各业的信息化进程不断加速，我国的高等教育进入了一个新的历史发展时期。从 2006 年提出“计算思维”，到 2017 年“新工科”建设的推进，都对高校的计算机基础教育提出了新的挑战。

近两年来，以“云物移大智”(即云计算、物联网、移动互联网、大数据、智慧城市)为代表的应用席卷全球，渗透到了人类生活的每一个角落，越来越多的学生对计算机知识产生了浓厚的兴趣。但是，大学的教学不能局限于基本知识传授，更要培养学生的科学思维能力、锲而不舍的科研精神及高尚的道德品格。很高兴见到由西安交通大学计算机国家级实验教学示范中心的老师们编写的这本书稿，我对他们在教学研究上的不懈努力和开拓精神感到非常欣慰。

这本书立足通识教育，以培养学生的计算思维，帮助学生认知计算学科为目的，内容分为信息与社会、计算机基础、虚拟现实、云计算与物联网、区块链、人工智能和大数据等多个专题，并配有相应的实训教材，试图通过对计算机领域中基础知识和前沿技术通俗易懂并富有趣味性的讲授，向学生展示计算机领域的丰富和华美，激发学生学习计算机、投身计算机领域的热情和动力，提高学生的计算科学素养和计算机应用能力。

我感到欣慰的是，本书作者是一支以青年教师为主的教学团队，他们对教学充满了热情，一直在大学计算机课程改革的道路上不断探索、创新，致力于提供更完美的教学模式和内容。

我乐意把本书推荐给对计算机科学有兴趣的大学生，它也可作为计算机爱好者的参考书。希望读者能够把握学科发展趋势，培养计算思维，像计算机科学家一样思考，走进计算机的世界，享受计算之美。

冯博琴

2021 年 6 月

(冯博琴，西安交通大学教授、博士生导师，
首届国家级教学名师奖获得者)

前言

本书立足通识教育，以培养学生的计算思维为出发点，通过对计算机领域中基础知识和前沿技术通俗易懂并富有趣味性的讲授，向学生展示计算机领域的丰富和华美，以提高学生的计算科学素养和计算机应用能力，激发学生学习计算机、投身计算机领域的热情和动力。

全书共分 6 章，主要内容简介如下。

第 1 章：计算与社会。本章围绕计算和计算思维展开，首先对计算机的产生背景进行了清晰的梳理；然后详细阐述了计算机发展史中各阶段的情况；接着介绍计算机现阶段的热点问题，为理解和学习本书后续章节指明了方向；最后，对计算机领域中的伦理和道德问题进行讨论，旨在提高并增强计算机相关从业人员的道德准则。

第 2 章：走进计算机。本章从计算机模型的演变出发，依次探讨计算机的理论模型，计算机的逻辑模型，现代计算机及未来计算机的组成，向读者展示了计算机从理论到实践的发展全过程；然后重点讲解计算机与二进制及数值在计算机中的表示方式，使读者真正地走进计算机，理解 0 和 1 的世界；最后，分析计算机设计中的几个重要思想，旨在让读者领略计算机设计之精妙。

第 3 章：计算机构建的虚拟世界。本章首先从基本概念、发展历程和研究内容三个方面对计算机图形学进行了简单的阐述；然后介绍虚拟现实的背景和含义，继而延伸出虚拟现实技术的“3I”特征；接着介绍虚拟现实的发展历史和应用领域；最后介绍常用于开发虚拟现实应用的引擎。

第 4 章：云计算与物联网。本章针对云计算技术和物联网技术，分别从定义、特征、核心技术和应用等几个方面进行阐述，旨在让读者对两个技术有宏观的认识，为后续深层次地学习打下基础。

第 5 章：从比特币到区块链。本章主要介绍区块链这一新领域，从比特币这一区块链的最知名应用谈起，讲述了区块链的发展、原理及其核心技术，介绍了区块链和数字货币的关系，分享了区块链的重要应用案例，提示了相关的金融骗局。

第 6 章：人工智能与大数据。本章从人工智能与大数据的基本概念和发展历程出发，通过一些经典案例讲述人工智能的研究方法和应用领域，最后探索人工智能和大数据为社会带来的机遇与挑战。

在编写本书过程中，编者不断汲取他人的优秀研究成果及精彩内容以充实本书，力求精益求精。本书主要有以下几个特点：

(1)在内容组织上，本书以培养计算思维，认知计算学科为主线，整个内容分为计算学科基础知识和计算学科前沿技术专题两部分。基础知识部分主要介绍计算机的发展历程、计算机的新热点、计算机的模型演变及计算机体系架构和基础知识等；前沿技术专题部分结合新工科要求，对虚拟现实、云计算、物联网、区块链、大数据和人工智能等几个前沿技术进行了专题介绍，让学生从“是什么”“为什么”“干什么”及“怎么干”四个方面对各领域有一个宏观的认识。同时，为了扩展学生的计算科学视野，书中穿插了许多与计算机有关的人物故事及有趣的事件，旨在向学生展示计算机领域的丰富和华美。

(2)在写作方法上，本书改进了传统教材中单纯知识性介绍和为追求深入而不断增加专业理论概念和数学知识的编写方法，在对概念的介绍上穿插了一些有趣的故事使之尽可能通俗易懂，在对方法的介绍上结合具体案例使之尽可能丰富有趣。不论是基础部分还是专题部分，本书并没有做到全面覆盖，而是挑选相关领域中大家最为关心的内容和知识进行讲解，旨在发掘计算科学的科学内涵，以利于学科的交叉和融合，推动科学创新。

(3)本书体现了课程思政的教学设计：不仅融入大量我国计算机技术的发展情况，而且在讲授知识的同时，更多的是引导学生从社会层面思考计算机技术带来的机遇和挑战，进而提高并增强计算机相关从业人员的道德素养。

本书内容丰富、图文并茂、生动有趣、可读性强，既讲授了计算学科入门级知识，又达到了一定的广度和深度，能够将学生引入计算学科富有挑战性的领域之中并为学生正确认知计算学科提供思路。本书是为西安交通大学少年班计算机课程编写的配套教材，可作为高等学校非计算机专业大学计算机、计算机导论、计算思维导论、计算科学导论等课程的教材，也可作为计算机爱好者的参考用书。本书编写团队同时还编写了相应的配套实验教材《计算之美——计算思维实训教程》。

本书由陈龙、乔亚男主编，第1章由陈龙编写，第2章由房琛琛编写，第3章由杨义军编写，第4章由安健、陈龙编写，第5章由乔亚男、薄钧戈编写，第6章由黄鑫、张喆编写，全书由陈龙统稿。本书在编写过程中得到了首届国家级教学名师奖获得者冯博琴教授的指点和吴宁、崔舒宁等老师的帮助，以及阿里云计算有限公司高校合作总监周恩昌和天池平台产品负责人崔颖等的支持，冯博琴教授还为本书撰写了意味深长、情真意切的序言，在此表示衷心的感谢。

感谢西安交通大学计算机国家级实验教学示范中心、阿里云计算有限公司和西安交通大学出版社对本书出版给予的大力支持。在此对本书编写和出版过程中做出贡献的所有人员表示诚挚的谢意。

本书的出版得到了教育部-阿里云产学合作协同育人项目“新工科背景下大学计算机课程内容体系改革”(202101001040)、教育部基础学科拔尖学生培养计划2.0研究课题(No. 20212086)和西安交通大学2020年本科教学改革研究项目(拔尖专项)“少年班大学计算机课程改革与实践”(20BJ05Y)的支持。

由于编者水平有限，书中难免有疏漏和错误之处，欢迎读者批评指正。

陈　龙

2021年5月

目　录

第1章 计算与社会

今天，人类社会已经进入以微电子技术、通信技术、计算机及网络技术、多媒体技术等为主要特征的信息社会。社会形态的改变带来了社会生产力和生产关系的变革，技术的进步推动着人类文明和人类思维的变化。在自然科学中，理论科学和实验科学被认为是创造知识的主要领域。理论科学强调基本理论，主要代表学科是数学，由此产生了理论思维；实验科学则以观察和总结自然规律为主要方法来创造新知识，代表学科如物理、化学等，由此产生了实验思维。而计算机的出现和发展，使得人们尝试用计算机去解决过去难以解决的问题，由此产生了计算思维。

本章围绕计算和计算思维展开，首先对计算机的产生背景进行清晰的梳理；然后详细阐述计算机发展史中各阶段的情况；接着介绍计算机领域现阶段的热点问题，为本书后续章节的理解和学习指明了方向；最后，对计算机领域中的伦理和道德问题进行讨论，旨在提高并增强计算机相关从业人员的道德准则。

1.1 计算与计算思维

说到计算，自然会想到数学，因为最早的数学就是从记数和算数开始的。早在公元前1500年，人类就掌握了“结绳计数”的方法。在人类漫长的文明发展过程中，计数和计算是人类文明发展的重要标志。那么，什么是计算？计算改变了什么？计算机与计算又有怎样的关系？

1.1.1 什么是计算

计算机科学之父——图灵说“计算就是基于规则的符号串变换”，如“1＋1＝2”“4×5＝20”等，是指“数据”在“运算符”的操作下，按“规则”进行的数据变换。

计算最初就是数学要解决的主要问题，但是随着社会的发展，尤其是当今现代社会，数学的工程化应用日益广泛，计算所要解决的问题越来越多，越来越复杂，以研究计算为核心的数学分支——计算数学得到了发展壮大。计算问题不仅仅是简单的数字加减乘除，大量的工程问题也需要用计算来完成。从建筑工程设计、天气预报到导弹发射的各项参数计算、飞船的运行轨迹等，都包含着巨大的数值计算量。也正是这些客观需求，才促进了计算机的产生和发展，数值计算也成为了计算机的主流应用。

1.1.2 计算机科学与计算科学

计算机的诞生推动了计算机科学的产生和发展。早期的计算机科学主要研究如计算复杂性理论、形式语义和形式语言与自动机等一些计算数学的理论问题，现已发展成为一门研究计算及相关理论、计算机硬件、软件及相关应用的学科，其研究领域现已包括计算机体系结构、计算机操作系统、计算平台、计算机网络、计算环境、数据与数据结构、算法、程序设计、数值计算、数据库、信息处理、图形图像处理、人工智能，以及不同层面的各类计算机应用。

计算机技术的发展和应用，也推动了计算科学的研究。计算科学主要研究构建数学模型和量化分析技术，现在也可利用计算机编制算法和程序来分析并解决科学问题。计算科学现已广泛应用到各种科学问题的求解中，是继理论科学和实验科学后的一种新的科学形态，它拓展了理论和实验无法验证的问题。

1.1.3 计算思维的提出

计算思维最早是在 2006 年由美国卡内基・梅隆大学计算机科学系主任周以真(Jeannette M. Wing)教授在美国计算机权威期刊 *Communications of the ACM* 上发表的题为"Computational thinking and thinking about computing"的文章中提出的。她指出计算思维是运用计算机科学的基础概念进行问题求解、系统设计及人类行为理解等涵盖计算机科学之广度的一系列思维活动。

计算思维实际上是一种解决问题的方式，其本质是抽象(abstract)和自动化(automation)。它包括 4 个部分：分解、模式、抽象和算法。

(1)分解问题：对问题进行详细的分析，将问题分解成多个规模更小的问题，使其在数据和过程上易于管理。

(2)模式识别：通过观察数据的趋势和规律，找出各个部分之间的异同，从而识别出它是哪一类问题。

(3)抽象问题：找到问题的本质属性，提取出问题的共性部分。

(4)算法设计：针对这些共性的问题设计详细的解决方案，并给出具体的实施步骤。

通俗地说计算思维就是工程师发现问题，分析问题本质，最终解决问题的过程。计算思维是人的思想和方法，旨在利用计算机解决问题，而不是使人类像计算机一样去机械地做事。它正在影响人们传统的思维方式。因此，开展计算思维的启迪和训练对于各学科的发展、知识创新及解决各类自然和社会问题都具有重要的作用。

> You don't have to be an expert in coding or the periodic table, but having the ability to think the way these experts do will help you tremendously.
> It's not necessarily that you'll be writing code, but you need to understand what can engineers do and what can they not do.
>
> ——Bill Gates

1.2 计算机发展历程

人们总是不断地研究计算的方法和工具，直到 20 世纪中叶电子计算机的发明，让计算进入了现代化的电子计算机时代，也让人类进入了计算机时代。计算机成为人类从工业社会进入信息社会的直接推动力。

计算机(computer)俗称电脑，是一种用于高速计算、处理海量数据的现代化智能电子设备。它能够按照程序自动运行，可以进行数值计算，也可以进行逻辑运算，同时还具有强大的存储记忆功能。

常见的计算机有个人计算机(personal computer，PC)，或称微型计算机(如图 1-1 所示)，也有计算速度达每秒几亿亿次的超级计算机(如图 1－2 所示),较先进的还有光子计算机、生物计算机及量子计算机等。

图 1－1　个人计算机

图 1－2　神威·太湖之光超级计算机

计算机被认为是 20 世纪最先进的发明之一,其对人类的生产活动和社会活动产生了极其重要的影响,并以强大的生命力飞速发展。它的应用领域从最初的军事、科研扩展到社会的各个领域,已形成了规模巨大的计算机产业,带动了全球范围的技术进步,由此引发了深刻的社会变革。目前,计算机已进入千家万户,涉及生活的方方面面,成为信息社会中必不可少的工具。

学习计算机相关技术之前,我们有必要对计算机的产生背景和发展历程进行一个清晰的梳理。

纵观计算机的发展史,我们可以将其大致分为三个阶段:“史前时代”(1936 年之前)、诞生之初(1936—1946 年)和蓬勃发展(1946 年至今)。

1.2.1　“史前时代”(1936 年之前)

从远古时代开始,人类就有了计算的需要和能力。古今中外,人类创造了众多的计算工具,每一种计算工具的发明无不闪烁着人类智慧的光芒,也为后续计算机的发展奠定了坚实的理论和实践基础。

人们最早使用的计算工具可能是手指(如图 1-3 所示),英文单词“digit”既有“数字”的意思,又有“手指”的意思。因为一个正常人天生有 10 根手指,所以十进制就成为人们最熟悉的进制计数法。

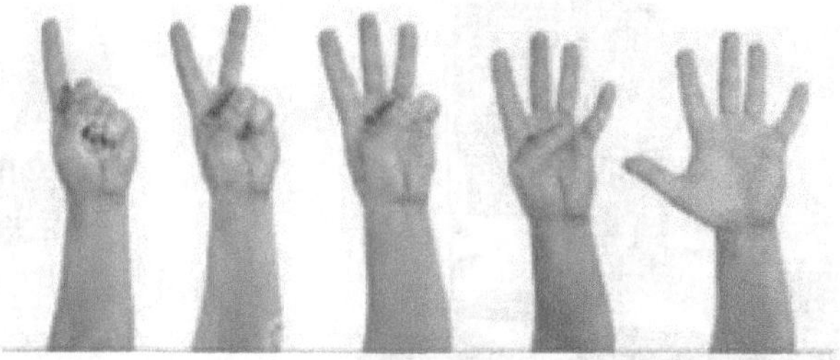

图 1-3　手指

不知过了多久,许多国家的人开始使用“筹码”来计数,最有名的就要数我国商周时期出现的算筹了(如图 1-4 所示)。古代的算筹实际上是一根根同样长短和粗细的小棍子,大约二百七十几枚为一束,多用竹子制成,也有用木头、兽骨、象牙、金属等材料制成的。数学家祖冲之计算圆周率时使用的工具就是算筹。

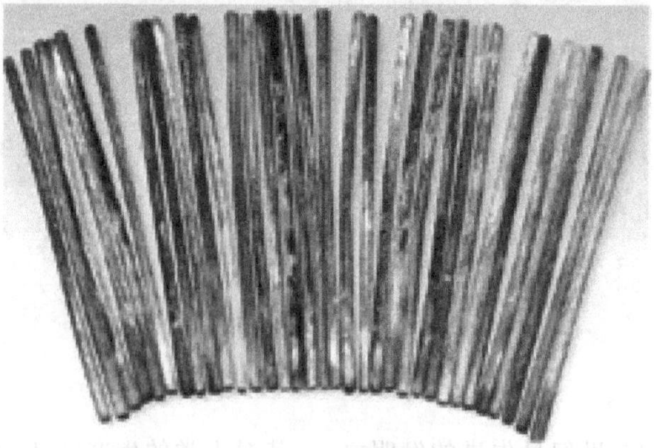

图 1-4　算筹

算筹计数法

算筹计数法以纵横两种排列方式来表示单位数目,其中 1～5 均分别以纵横方式排列相应数目的算筹来表示,6～9 则以上面的算筹再加下面相应的算筹来表示。表示多位数时,个位用纵式、十位用横式、百位用纵式、千位用横式,以此类推,遇零则置空。这种计数法遵循一百进位制。据《孙子算经》记载,算筹记数法则是“凡算之法,先识其位,一纵十横,百立千僵,千十相望,万百相当”。《夏阳侯算经》说:“满六以上,五在上方。六不积算,五不单张。”

人们在使用算筹时发现,一旦需要进行复杂运算的时候,算筹就显得无能为力。于是,人们发明了更好的计算工具——算盘(如图 1-5 所示)。有研究者认为,算盘基本具备了现代计算机的“输入”“输出”“运算”“存储”等主要结构特征。如拨动算盘珠,也就是向算盘输入数据,这时算盘起着“存储器”的作用;运算时,珠算口诀起着“运算指令”的作用,而算盘则起着“运算器”的作用。这也是人们为何称算盘为“计算机鼻祖”的原因。

图1-5 古代的算盘

人类非物质文化遗产——珠算

珠算是以算盘为工具,数学理论为基础,运用手指拨珠进行运算的一门计算技术,它是我国古代劳动人民重要的发明创造之一,千百年来这一技术不断扩散,传播到世界各国,推进着人类文明的发展历程。据史书记载,南宋时代已有珠算歌诀出现,珠算自产生之日起发展到今,已有1800多年的历史。由于珠算具有优越的计算功能、教育功能和启智功能,即使社会已进入电子时代,计算工具中的传统算盘仍然具有广泛的适用性,发挥着重大作用。

15世纪以后,随着天文、航海的发展,纯手工的计算方法和工具已无法满足日趋繁重的计算工作,人们迫切需要探求新的计算方法并改进计算工具。

1630年,英国数学家奥特雷德使用当时流行的对数刻度尺做乘法运算时,突然萌生了一个念头:若采用两根相互滑动的对数刻度尺,不就省得用两脚规度量长度了吗?虽然他的发明在后来未被实际运用,但这个设想促进了"机械化"计算的诞生。

奥特雷德与计算尺

奥特雷德是理论数学家,对这个小小的计算尺并不在意,也没有打算让它流传于世,此后两百年间,他的发明始终未被实际运用。直到18世纪末,以发明蒸汽机闻名于世的瓦特,他在尺座上加了一个滑标,用来"存储"计算的中间结果,成功地制出了第一把名副其实的计算尺。1850年以后,对数计算尺迅速发展,成了工程师们必不可少且随身携带的"计算机",甚至到二十世纪五六十年代,它仍然是代表工科大学生身份的一种标志。

1639年,法国数学家帕斯卡(Pascal)的父亲受命出任诺曼底省监察官,负责征收税款,需要统计大量的数据,费力地计算税率税款。父子俩常常算得头昏脑胀、汗流浃背。帕斯卡想到了要为父亲制作一台"会计算的机器"。他费时3年共做了3个模型,终于在1642年成功地制造了第三个模型——第一台钟表齿轮式机械计算机(如图1-6所示),他称之为"加法器"。这种机器开始只能够做6位加减法,但它却向人们证明:用一种纯机械的装置去代替人们的思考和记忆是完全可以做到的。为了纪念帕斯卡在计算机领域的卓越贡献,1971年瑞士苏黎世联邦工业大学的尼克莱斯·沃尔斯将自己发明的通用计算机语言命名为"Pascal语言"。

图 1-6　帕斯卡机械计算机

帕斯卡简介

帕斯卡(Pascal,1623—1662)

帕斯卡是真正的天才,他在诸多领域都有建树。学过物理的人大都知道一个关于液体压强性质的“帕斯卡定律”,这个定律就是他的伟大发现并以他的名字命名的。17 岁时他还出版了《圆锥曲线论》一书,在书中,他解决了悬而未决的关于圆锥曲线的学术问题,创立了有关射影几何学的一条定律。后人在介绍他时,说他是数学家、物理学家、哲学家、流体动力学家和概率论的创始人。他甚至还是文学家,其文笔优美的散文在法国极负盛名。可惜,长期从事艰苦的研究损害了他的健康,1662 年英年早逝,去逝时年仅 39 岁。他留给了世人一句至理名言:“人好比是脆弱的芦苇,但是又是有思想的芦苇。”

帕斯卡去世后不久,在德国的大数学家莱布尼茨看到了帕斯卡关于加法计算机的论文,勾起了他强烈的发明欲望,决心把这种机器的功能扩大为乘除运算。终于在 1674 年他制造出了一台更完美的机械计算机(如图 1-7 所示)。这台新型计算机约有 1 米长,内部安装了一系列齿轮机构,除了体积较大之外,基本原理继承于帕斯卡的机械计算机。不过,莱布尼茨为计算机增添了一种名叫“步进轮”的装置,这样一来,它就能够连续重复地做加法,而这正是现代计算机做乘除法采用的办法,因此,莱布尼茨的计算机加减乘除四则运算一应俱全。

图 1-7　莱布尼茨机械计算机

1812 年，刚满 20 岁的英国科学家巴贝奇从法国人杰卡德发明的提花织布机上获得了灵感，经过 10 年的努力，于 1822 年制造出了第一台差分机（如图 1－8 所示），它可以处理 3 个不同的 5 位数，计算精度达到小数点后 6 位。差分机的设计闪烁出了程序控制的灵光，它能够按照设计者的旨意，自动处理不同函数的计算过程。

图 1－8　差分机

巴贝奇与差分机

巴贝奇连夜奋笔上书英国皇家学会，要求政府资助他建造第二台运算精度为 20 位的大型差分机。英国财政部为这台大型差分机提供了 1.7 万英镑的资助。巴贝奇自己也贴进去 1.3 万英镑巨款，用以弥补研制经费的不足。在当年，这笔款项的数额无异于天文数字——据有关资料介绍，1831 年约翰·布尔制造一台蒸汽机车的费用才 784 英磅。

1834 年，巴贝奇提出了一项新的更大胆的设计，他的目标不是仅仅设计能够制表的差分机，而是设计一种通用的数学计算机，他把这种新的设计叫作“分析机”，机器共分为 3 个部分：堆栈、运算器、控制器。今天我们再回首看巴贝奇的设计，现代电脑的结构几乎就是巴贝奇分析机的翻版，只不过它的主要部件被换成了大规模集成电路而已。仅此一说，巴贝奇就当之无愧于计算机系统设计的“开山鼻祖”。

阿达·奥古斯塔
(Ada Augusta,1815—1852)

这里我们还要介绍一下巴贝奇的助手，被誉为软件界“开山祖师奶”的阿达·奥古斯塔。她是英国著名诗人拜伦的独生女，也是一位伯爵夫人。她为分析机编制了人类历史上第一批计算机程序，这些程序即使到了今天，电脑软件界的后辈仍然不敢轻易改动一条指令。为了纪念这位“世界上第一位软件工程师”，美国国防部花了 250 亿美元和 10 年的光阴开发了一种计算机语言，将其命名为 Ada 语言。

最终，由于受当时的技术限制，巴贝奇和阿达直到去世都没有制造出分析机。他们的遗憾是因为他们看得太远,分析机的设想超出了他们所处时代至少一个世纪!但他们为计算机的发展立下了不朽的功勋,正是他们的辛勤努力,为百年后数字计算机的出现奠定了坚实的基础。

1.2.2 诞生之初(1936—1946 年)

说到计算机的诞生,就不得不提到两位杰出的科学家:阿兰·图灵和冯·诺依曼。

阿兰·图灵

(Alan Mathison Turing,1912—1954)

冯·诺依曼

(John von Neumann,1903—1957)

阿兰·图灵:英国著名的数学家和逻辑学家,被称为计算机科学之父、人工智能之父,是计算机逻辑的奠基者。1936 年,图灵向伦敦权威的数学杂志投了一篇题为“论可计算数及其在判定问题中的应用”的论文。在这篇论文中,图灵给“可计算性”下了一个严格的数学定义,并提出著名的“图灵机”(Turing machine)的设想。“图灵机”不是一种具体的机器,而是一种思想模型,可制造一种十分简单但运算能力极强的计算装置,可用来计算所有能想象得到的可计算函数。为了纪念他对计算机科学的巨大贡献,美国计算机协会(ACM)于 1966 年设立一年一度的图灵奖,以表彰在计算机科学中做出突出贡献的人,图灵奖被喻为“计算机界的诺贝尔奖”。

图灵奖中国获得者

图灵奖每年评选出一至三名获奖者,从 1966—2018 年的 53 届图灵奖中,共计有 70 名科学家获此殊荣。2000 年,中国科学院院士姚期智先生由于在计算理论方面的贡献而获奖,这是迄今为止获得此项殊荣的唯一亚裔计算机科学家。

冯·诺依曼:20 世纪最重要的数学家之一,在现代计算机、博弈论、核武器和生化武器等诸多领域内有杰出建树的最伟大的科学全才之一,被后人称为计算机之父和博弈论之父。1945 年 6 月,冯·诺依曼与戈德斯坦、勃克斯等人,为离散变量自动电子计算机(EDVAC)方案联名发表了一篇长达 101 页纸洋洋万言的报告,即计算机史上著名的“101 页报告”。报告明确规定出计算机的五大部件(输入系统、输出系统、存储器、运算器、控制器),并用二进制替代十进制运算,大大方便了机器的电路设计。这份报告奠定了现代计算机体系结构坚实的根基，直到今天，仍然被认为是现代计算机科学发展里程碑式的文献。人们后来把根据这一方案设计的机器统称为“冯·诺依曼机”。

“图灵机”和“冯·诺依曼机”为数字计算机的产生提供了坚实的理论基础，被永远载入计算机的发展史中(我们将在第2章中对它们进行详细的介绍)。在该理论的指导下，产生了两个重要的实践产物：ENIAC计算机和ABC计算机。

如果你现在去网上搜索第一台现代电子计算机，那么搜索结果显示最多的肯定是ENIAC计算机。

ENIAC计算机：电子数值积分计算机(Electronic Numerical Integrator And Calculator)如图1-9所示，是美国奥伯丁武器试验场为了满足计算弹道需要而定制的，并于1946年2月在美国宾夕法尼亚大学研制成功。ENIAC长30.48米、宽6米、高2.4米，占地面积约170平方米，有30个操作台，重达约30吨，耗电量为每小时150千瓦(ENIAC的放置地点在美国费城，它每运行一次，整个城市的灯就跟着闪一次)，造价48万美元。其每秒能进行5000次加法运算(据测算，人最快的运算速度每秒仅5次加法运算)、400次乘法运算，是使用继电器运转的机电式计算机的1000倍、手工计算的20万倍。它还能进行平方和立方运算、正弦和余弦等三角函数的运算及其他一些更复杂的运算。以我们现在的眼光来看，这当然微不足道，但这在当时可是很了不起的成就！它使本来需要20多分钟才能计算出来的一条弹道，只要短短的30秒就可计算出来！ENIAC的问世具有划时代的意义，表明电子计算机时代的到来。

图1-9 ENIAC计算机

不过ENIAC其实并不是世界上的第一台电子计算机！

ABC计算机：阿塔纳索夫-贝瑞计算机(Atanasoff-Berry computer)，如图1-10所示。它由美国的阿塔纳索夫教授和其研究生克利福德·贝瑞在1937年设计，不可编程，仅仅用于求解线性方程组，并在1942年成功进行了测试。不过，阿塔纳索夫和克利福德·贝瑞的计算机直到1960年才被发现和广为人知，并且陷入了谁才是第一台计算机的争论中。

图 1-10　ABC 计算机

究竟谁是第一台电子计算机？

关于电子计算机的真正发明人是谁，美国的阿塔那索夫、莫奇利和埃科特曾经打了一场旷日持久的官司，法院开庭审讯 135 次。直到 1973 年，美国联邦地区法院注销了 ENIAC 的专利，并得出结论：ENIAC 的发明者从阿塔纳索夫那里继承了电子数字计算机的主要构件思想。因此，ABC 被认定为世界上第一台电子计算机。这台计算机在 1990 年被认定为电气和电子工程师协会（IEEE）里程碑之一。

现在，比较客观的结论是：世界上第一台通用电子数字计算机是由阿塔那索夫设计并由莫克利和艾克特完全研制成功的 ENIAC 计算机，世界上第一台电子计算机是 ABC 计算机。

1.2.3　蓬勃发展（1946 年至今）

ENIAC 的问世标志着现代计算机的诞生，是计算机发展史上的里程碑。自 ENIAC 诞生至今近 80 年来，随着信息技术和硬件技术的提升，计算机获得了突飞猛进的发展。人们按照计算机所采用的电子器件，将计算机的发展主要划分为电子管、晶体管、集成电路、大规模与超大规模集成电路 4 个时代（如图 1-11 所示）。

1. 第一代计算机（电子管计算机，1946—1954 年）

由于此阶段的计算机逻辑器件主要采用的是电子管，因此称为电子管计算机。此阶段的计算机只能用机器语言和汇编语言编写，且容量小、运算速度低、成本高，只能在如军事、科学等少数尖端领域中应用。1950 年问世的 EDVAC 电子计算机首次实现了冯·诺依曼体系“存储程序和二进制”这两个重要设想，尽管它存在上述一些局限性，但它却奠定了计算机发展的基础。

2. 第二代计算机（晶体管计算机，1954—1964 年）

随着晶体管的发明，计算机得到了迅速发展。美国贝尔实验室于 1954 年研制成功第一台使用晶体管的计算机 TRADIC，其体积大大缩小，而计算能力却得到了飞速提升。此阶段的

（a）第一代电子管计算机

（b）第二代晶体管计算机

（c）第三代集成电路计算机

（d）第四代大规模与超大规模集成电路计算机

图1-11　计算机发展的4个时代

计算机可以使用COBOL和FORTRAN等高级编程语言，应用领域也得到了拓展，一些新的职业（如编程、计算机系统分析）和整个软件产业由此诞生。

3. 第三代计算机（集成电路计算机，1964—1970年）

比起电子管，晶体管虽然体积小、速度快、功耗低、性能更稳定，但其在运行中会产生大量的热量，这对计算机内部的敏感部分会造成损害。1958年，随着集成电路（IC）的发明，计算机的体积和耗电大大减小，运算速度却大幅提高，性能和稳定性进一步提高。

集成电路的问世催生了微电子产业，系统软件也得到了很大发展，出现了分时操作系统和会话式语言，使计算机在中心程序的控制协调下可以同时运行许多不同的程序。1964年，美国IBM公司研制成功第一台采用集成电路的通用电子计算机IBM360，称为“蓝色巨人”，它具有较强的通用性，适用于各方面的用户。

4. 第四代计算机（大规模与超大规模集成电路计算机，1970年至今）

第四代计算机采用大规模或超大规模集成电路，使得可以在一个芯片上容纳几百上千个元件，甚至扩充到百万级。后来，基于“半导体”的发展，1971年第一台真正的个人计算机诞生了。随着微处理器的问世和发展，微型计算机开始普及，计算机逐渐走进千家万户。1970年至今的计算机基本都属于第四代计算机。

世界上第一台微型计算机

世界上第一台微型计算机是由美国Intel公司年轻的工程师马西安·霍夫于

1971 年 11 月研制成功的。他把计算机的全部电路做在 4 个芯片上：4 位微处理器 Intel 4004、320 位（40 字节）的随机存取存储器、256 字节的只读存储器和 10 位的寄存器，它们通过总线连接起来，于是就组成了世界上第一台 4 位微型计算机——MCS－4。其 4004 微处理器包含 2300 个晶体管，尺寸规格为 3 mm×4 mm，计算性能远远超过 ENIAC，从此揭开了微型计算机发展的序幕。

5. 第五代计算机（智能计算机）

从 20 世纪 80 年代开始，人们开始研制第五代计算机，又称为智能计算机。其研究目标是能够打破以往计算机固有的体系结构，使计算机能够具有像人一样的思维、推理和判断能力，向智能化方向发展，实现接近人的思考方式，这也开启了人工智能的研究之路。目前，第五代计算机仍处在探索、研制阶段，待其真正实现后，发展前景不可限量。

6. 第六代计算机（生物计算机）

近年来，研究发现，DNA 的双螺旋结构能容纳巨量信息，其存储量相当于半导体芯片的数百万倍。一个蛋白质分子就是存储体，而且阻抗低、能耗小、发热量极低。基于此，利用蛋白质分子制造出基因芯片研制生物计算机，已成为当今计算机最前沿的技术。生物计算机比硅晶片计算机在速度、性能上有质的飞跃，被视为极具发展潜力的“第六代计算机”。

1.2.4 中国计算机的发展

从 1946 年 ENIAC 在美国诞生以来，世界数学大师华罗庚教授和中国原子能事业的奠基人钱三强教授就十分关注这一新技术，并积极探索其在国内的发展应用前景。从 1951 年起，他们先后聚集国内外相近领域人才加入到计算机事业的行列中，尤其是从国外回来的教授、工程师和博士，并且积极推动将发展计算机列入国家重点发展规划。

（1）1956 年，我国制定《十二年科学技术发展规划》，选定了“计算机、电子学、半导体、自动化”作为“发展规划”的四项紧急措施，我国计算机事业由此起步。

（2）1958 年，中国科学院（简称中科院）计算所研制成功我国第一台小型电子管通用计算机——103 机，标志着我国第一台电子计算机的诞生。

（3）1965 年，中科院计算所研制成功第一台大型晶体管计算机——109 乙，之后又推出了 109 丙机，该机在两弹试验中发挥了重要作用。

（4）1974 年，清华大学等单位联合设计，研制成功采用集成电路的 DJS－130 小型计算机，运算速度达每秒 100 万次。

（5）1983 年，国防科技大学研制成功运算速度每秒上亿次的银河－Ⅰ巨型机，这是我国高速计算机研制的一个重要里程碑。

（6）1985 年，电子工业部计算机管理局研制成功与 IBM PC 机兼容的长城 0520CH 微型机。

（7）1992 年，国防科技大学研制出银河－Ⅱ通用并行巨型机，峰值速度达每秒 4 亿次浮点运算（相当于每秒 10 亿次基本运算操作），其向量中央处理机采用中小规模集成电路自行设计，总体上达到 20 世纪 80 年代中后期国际先进水平。

（8）1997 年，国防科技大学研制成功银河－Ⅲ百亿次并行巨型计算机系统，系统综合技术达到 90 年代中期国际先进水平。

(9)1997—1999年，曙光公司先后在市场上推出曙光1000A，曙光2000-Ⅰ，曙光2000-Ⅱ超级服务器，计算速度突破每秒1000亿次。

(10)1999年，国家并行计算机工程技术研究中心研制成功的神威Ⅰ计算机通过了国家级验收，运算速度达每秒3840亿次，并在国家气象中心投入运行。

(11)2001年，中科院计算所研制成功我国第一款通用CPU——“龙芯”芯片。

(12)2002年，曙光公司推出完全自主知识产权的“龙腾”服务器，它是国内第一台完全实现自主知识产权的产品，在国防、安全等部门发挥着重大作用。

(13)2013年11月，国际TOP500组织公布了最新全球超级计算机500强排行榜榜单，中国国防科技大学研制的“天河二号”以比第二名美国的“泰坦”快近一倍的速度再度轻松登上榜首。

(14)2016年6月，在法兰克福世界超算大会上，国际TOP500组织发布的榜单显示，“神威·太湖之光”超级计算机系统登上榜单之首，不仅速度比第二名“天河二号”快出近两倍，其效率也提高3倍；11月14日，在美国盐湖城公布的新一期TOP500榜单中，“神威·太湖之光”(如图1-12所示)以较大的运算速度优势轻松蝉联冠军；11月18日，我国科研人员依托“神威·太湖之光”超级计算机的应用成果首次荣获“戈登·贝尔”奖，实现了我国高性能计算应用成果在该奖项上零的突破。

(15)2017年5月，中华人民共和国科学技术部高技术中心在无锡组织了对“神威·太湖之光”计算机系统课题的现场验收。专家组经过认真考察和审核，一致同意其通过技术验收；6月19日，国际TOP500榜单中，“神威·太湖之光”以每秒9.3亿亿次的浮点运算速度第三次夺冠。

图1-12　神威·太湖之光

(16)2018年5月17日，国家超算天津中心对外展示了我国新一代百亿亿次超级计算机“天河三号”原型机，这也是该原型机首次正式对外亮相。据了解，百亿亿次超级计算机也称“E级超算”，被全世界公认为“超级计算机界的下一顶皇冠”，它将在解决人类共同面临的能源危机、污染和气候变化等重大问题上发挥巨大作用。

(17)2020年9月1日，浙江大学联合之江实验室在杭州发布了一款包含1.2亿脉冲神经元、近千亿神经突触的类脑计算机。该计算机使用了792块由浙江大学研制的达尔文2代类脑芯片，神经元数量规模相当于小鼠大脑。

(18)2020年12月4日，中国科学技术大学宣布该校潘建伟等人成功构建76个光子的量子计算原型机“九章”(如图 1-13 所示),其求解数学算法高斯玻色取样只需 200 秒,而当时世界上最快的超级计算机要用 6 亿年。这一突破使我国成为全球第二个实现“量子优越性”的国家。

图 1-13　九章

1.3　计算机新热点

随着科学技术的进步,计算机与网络技术飞速发展,进入了一个快速而又崭新的时代,如今的计算机从体积上趋于微型化、性能上趋于“巨型”化、功能上趋于网络化、使用上趋于智能化(和综合化)。在新技术、新思想、新应用的驱动下,云计算、移动互联网、物联网等产业呈现出蓬勃发展的态势。21 世纪的计算机将会发展到一个更高、更先进的水平,计算机技术将会再次给世界带来巨大的变化。计算机研究的新技术、新热点主要包括以下几个方面。

1. 云计算

云计算是信息技术的一个新热点(如图 1-14 所示)。它是分布式计算、并行计算及网格计算的延伸。从狭义上讲,云计算是一种提供资源的网络;从广义上讲,云计算是与信息技术、软件、互联网相关的一种服务。

图 1-14　云计算示意图

就跟我们用电一样,最初我们是自己在家用发电机手摇发电,随着用电量的提升和规模的增大，现在已由发电厂统一发电，我们只要按需购买即可。云计算就如同发电厂一样，它将计算资源集合起来，并将计算能力作为一种商品在互联网上流通，用户只用按需购买，按使用付费，且价格低廉。

总之，云计算不是一种全新的网络技术，而是一种全新的网络应用模式，它是继互联网、计算机后，信息时代的又一种新的革新，云计算是信息时代的一个大飞跃，未来的时代可能是云计算的时代。

2. 物联网

物联网(IOT)(如图 1-15 所示)，顾名思义是物物相连的网络。它是互联网的延伸，即通过射频识别、红外感应器、全球定位系统、激光扫描器等信息传感设备，按约定的协议，把物体与互联网相连接，进行信息交换和通信，以实现对物体的智能化识别、定位、跟踪、监控和管理的一种网络。现在的物联网应用已经扩展到了智能交通、仓储物流、平安家居、个人健康等多个领域。

图 1-15　物联网示意图

物联网被称为继计算机和互联网之后，世界信息产业的第三次浪潮，代表着当前和今后相当一段时间内信息网络的发展方向。

3. 大数据

进入 2012 年，大数据(big data)(如图 1-16 所示)一词越来越多地被提及，通常指无法在一定时间范围内用常规软件工具进行捕捉、管理和处理的数据集合。人们用它来描述和定义信息爆炸时代产生的海量数据，并命名与之相关的技术发展与创新。

图 1-16　大数据示意图

随着云时代的来临，大数据也吸引了越来越多的关注。从技术上看，大数据与云计算的关系就像一枚硬币的正反面一样密不可分。大数据必然无法用单台的计算机进行处理，必须采用分布式架构处理。它的特色在于对海量数据进行分布式数据挖掘。适用于大数据的技术，包括大规模并行处理(MPP)数据库、数据挖掘、分布式文件系统、分布式数据库、云计算平台、互联网和可扩展的存储系统等。

4. 人工智能

人工智能(artificial intelligence,AI)(如图 1-17 所示),是当前科学技术迅速发展及新思想、新理论、新技术不断涌现的形势下产生的研究、开发用于模拟、延伸和扩展人的智能的理论、方法、技术及应用系统的一门新的技术学科,也是一门涉及数学、计算机、哲学、认知心理学和心理学、信息论、控制论等学科的交叉和边缘学科。20 世纪 70 年代以来被称为世界三大尖端技术(空间技术、能源技术、人工智能)之一,也被认为是 21 世纪三大尖端技术(基因工程、纳米科学、人工智能)之一。它企图了解智能的实质,并生产一种新的能以人类智能相似的方式做出反应的智能机器。自人工智能诞生以来,取得了许多令人瞩目的成果,并在很多领域得到了广泛的应用。

图 1-17　人工智能示意图

5. 虚拟现实

虚拟现实(virtual reality,VR)技术,又称灵境技术,主要包括模拟环境、感知、自然技能和传感设备等方面。具体地说就是通过计算机技术产生的电子信号将现实生活中的数据与各种输出设备结合使其转化为能够让人们感受到的现象,这些现象可以是现实中真真切切的物体,也可以是我们肉眼所看不到的物质,最后通过三维模型表现出来。除计算机图形技术所生成的视觉感知外,还有听觉、触觉、力觉、运动等感知,甚至还包括嗅觉和味觉等感知,也称为多感知。

虚拟现实(如图 1-18 所示)技术是 20 世纪发展起来的一项全新的实用技术,它是仿真技术的一个重要方向,是仿真技术与计算机图形学、人机接口技术、多媒体技术、传感技术、网络技术等多种技术的集合,是一门富有挑战性的交叉技术前沿学科。

图 1-18　虚拟现实示意图

6. 区块链

区块链(如图 1-19 所示)起源于比特币,是一个信息技术领域的术语。区块链是分布式数据存储、点对点传输、共识机制、加密算法等计算机技术的新型应用模式。从本质上讲，它是一个共享数据库，存储于其中的数据或信息，具有“不可伪造”“全程留痕”“可以追溯”“公开透明”“集体维护”等特征。基于这些特征，区块链技术奠定了坚实的“信任”基础，创造了可靠的“合作”机制，具有广阔的运用前景。

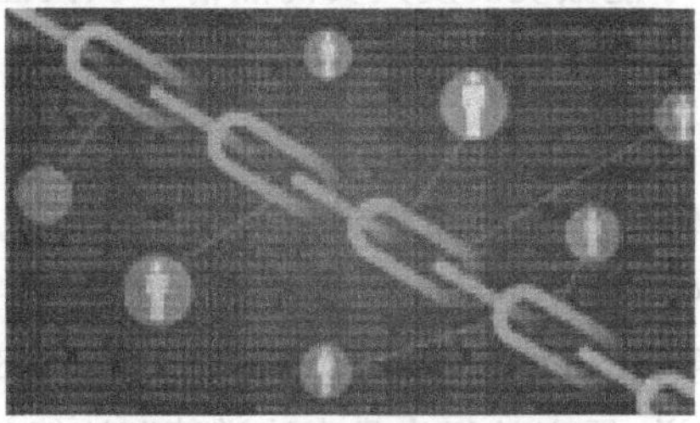

图1-19　区块链示意图

1.4　计算机伦理与道德

任何技术都是一把双刃剑，计算机亦是如此。一方面，它借助电脑的高智能化，信息交换与传播的快速、便捷和时空压缩等优势，对社会的经济、文化、教育、科技、政治方面的发展起到积极的推动作用；另一方面，它又把社会及其成员带入一个全新的生存、发展、人文环境中，使人们面临着技术上的“可能”与伦理上“应该”的严峻挑战。

1.4.1　计算机技术带来的社会问题

那么随着计算机的发展，都带来哪些问题呢？

1. 个人隐私的安全问题

随着计算机在生活中的普及使用，越来越多的数据要存放在计算机中，尤其在网络技术发达的今天，我们的很多个人数据全部暴露在了网络中。这样的环境虽然为我们的生活提供了很多便利，但也给不法分子提供了可乘之机。个人的隐私数据一旦泄露，就有可能对个人造成物质上和精神上的双重打击。计算机隐私侵权行为还可能导致人们价值观、人生观的变化，引起伦理道德的崩溃，引发一系列网络社会和现实社会问题，不利于和谐社会的构建。

因此我们要加强个人隐私的保护，提高个人隐私保护意识，在计算机网络时代，一定要懂得隐私保护，否则追悔莫及。国家也应完善与个人隐私相关的法律，普及相关法律，加强执法力度，对非法侵犯他人隐私造成他人损失的行为严惩不贷。

2. 计算机病毒

计算机病毒，指的是程序员在计算机程序中插入的破坏计算机功能或者破坏数据、影响计算机使用并且能够自我复制的一组计算机指令或者程序代码。它的种类多种多样，有系统病毒、蠕虫病毒、木马病毒、黑客病毒、脚本病毒等。研发计算机病毒不仅有违科学研究中的伦理与道德，而且此类病毒轻者破坏计算机硬盘，消耗计算机内存及磁盘空间，使用户隐私、机密文件被窃取，使公民的个人利益受损；重者如对银行来说，其安全证书的限制可能会被破解，造成巨大的经济损失，甚至对国家来说，可能使国家机密泄露，从而危及社会的安定。

3. 软件知识产权问题

软件知识产权指的是计算机软件人员对自己的研发成果依法享有的权利。知识产权是无形的劳动成果，计算机软件作为新兴科学研究，其发展速度惊人，更新换代极快，更需要对其进行保护。只有对其进行保护，才能激发研发人员的热情和积极性，促进软件产业的发展，进而为社会创造更大的效益，促进社会的高速发展。

4. 黑客问题

黑客，是英文 hacker 的音译，指的是那些利用自己在计算机方面的技术设法在未经授权的情况下访问他人计算机文件或网络的人。黑客会利用其高超的技术攻击他人的计算机，窃取银行账号和密码信息及隐私；还可能入侵军事情报机关的内部网络，窃取军事机密，造成社会动荡，威胁国家安全。可以说，黑客的行为是有违道德和法律的，不仅对个人，而且对国家和社会来说，危害也是极大的。

1.4.2 计算机技术引发的伦理道德思考

你可以从未经授权的网站上下载电影吗？你可以在高速公路上开车的时候打电话吗？你应该告知消费者你需要复制他们的联系人列表吗？在你运营的网站上，可以允许广告商和其他跟踪者收集网站访问用户的哪些信息呢？有人发给你某个朋友的邮件账户的内容，你是否可以把它发布到网上呢？在这些例子中，你面对的不仅仅是现实和法律的问题，还包括伦理问题。在每种情形中，你可以把这些问题重新表述为“这样做是不是正确的？”的问题。

伦理学研究的是“做正确的事”意味着什么，这是一个复杂的课题，几千年来有无数的哲学家献身于该研究。本书中我们不做深入的讨论，仅针对计算机的伦理问题，阐述其概念和基本特点，并给出几个业界制定的伦理准则，以此来规范和提高计算机从业人员的伦理道德。

计算机伦理，是在计算机信息网络特定领域用以调节人与人、人与社会特殊利益关系的道德价值观念和行为规范。一方面，它作为与信息网络技术密切相关的职业伦理和场所境遇伦理，反映了这一高新技术对人们道德品质和素养的特定要求，体现出人类道德进步的一种价值标准和行为尺度，具有一定的“人类共同性”，可以说，遵守一般的、普遍的计算机伦理道德，是当代世界各国从事信息网络工作和活动的基本“游戏规则”，是信息网络社会的社会公德；另一方面，它作为一种新型的道德意识和行为规范，受社会的政治、经济制度和文化传统的制约，具有一定的民族和社会特点。

计算机伦理是当代信息网络技术健康发展的道德保障。我们必须研究这一新技术引起的新的伦理道德问题，逐步确立新的价值观念和道德规范，合理调节新的技术境遇下人与人、人与社会的利益冲突，使计算机道德秩序从无序走向有序。

计算机信息网络技术最发达的美国和欧洲，从 20 世纪 80 年代起就开始关注并系统研究计算机信息和网络伦理问题，制定了计算机和网络伦理道德规范。美国计算机协会（ACM）1992 年 10 月通过并采用的《计算机伦理与职业行为准则》中，“基本的道德规则”包括：

（1）为社会和人类的美好生活做出贡献；

（2）避免伤害其他人；

（3）做到诚实可信；

（4）恪守公正并在行为上无歧视；

(5)敬重包括版权和专利在内的财产权;
(6)对智力财产赋予必要的信用;
(7)尊重其他人的隐私;
(8)保守机密。

其"特殊的职业责任"包括:
(1)努力在职业工作的程序中,使产品实现最高的质量、最高的效益和高度的尊严;
(2)获得和保持职业技能;
(3)了解和尊重现有的与职业工作有关的法律;
(4)接受和提出恰当的职业评价;
(5)对计算机系统和它们可能引起的危机等方面做出综合的理解和彻底的评估;
(6)重视合同、协议和指定的责任。

为了规范人们的道德行为,指明道德是非,美国的一些专门研究机构还专门制定了一些简明通晓的道德戒律。如著名的美国计算机伦理协会制定了"计算机伦理十诫":
(1)你不应当用计算机去伤害别人;
(2)你不应当干扰别人的计算机工作;
(3)你不应当偷窥别人的文件;
(4)你不应当用计算机进行偷盗;
(5)你不应当用计算机作伪证;
(6)你不应当使用或拷贝没有付过钱的软件;
(7)你不应当未经许可而使用别人的计算机资源;
(8)你不应当盗用别人的智力成果;
(9)你应当考虑你所编制的程序的社会后果;
(10)你应当用深思熟虑和审慎的态度来使用计算机。

应该看到,计算机伦理是信息与网络时代人们应当遵守的基本道德。计算机伦理道德水平的高低,关系到计算机信息技术的发展,与社会、企业与个人的重大利益休戚相关。计算机伦理道德是计算机及其相关产业的重要支撑,如果不被遵守,必然影响社会的发展、人类的进步。

习题

一、选择题

1. 以下哪个不属于三大思维?( )

A. 理论思维　　B. 实验思维
C. 理性思维　　D. 计算思维

2. 计算思维包括四个部分:分解、模式、抽象和( )。

A. 算法　　B. 思想
C. 计算　　D. 程序

3. 第一台钟表齿轮式机械计算机是由谁发明的?( )

A. 莱布尼茨　　　　B. 奥特雷德

C. 帕斯卡　　　　D. 巴贝奇

4. ENIAC 计算机是哪一年研制成功的？(　)

A. 1945 年　　　　B. 1946 年

C. 1947 年　　　　D. 1948 年

5. 人们按照计算机所采用的电子器件，将计算机的发展划分为电子、晶体管、集成电路和(　)4 个时代。

A. 智能计算机　　　　B. 生物计算机

C. 人工智能　　　　D. 大规模与超大规模集成电路

6. 我国第一款通用 CPU 是(　)。

A. 麒麟　　　　B. 龙芯

C. 曙光　　　　D. 天河

7. 使用者可以随时获取，按需求量使用，并且可以看成是无限扩展的，只要按使用量付费就可以，以上说法符合下列哪种技术？(　)

A. 物联网　　　　B. 云计算

C. 人工智能　　　　D. 区块链

8. 以下哪种行为是计算机伦理中不道德的行为？(　)

A. 用计算机去伤害别人　　　　B. 偷窥别人的文件

C. 未经许可而使用别人的计算机资源　　　　D. 以上都是

9. 以下哪个不是区块链技术的特征？(　)

A. 不可伪造　　　　B. 全程留痕

C. 公开透明　　　　D. 物物相连

10. 由美国计算机协会(ACM)于 1966 年设立用以表彰在计算机科学中做出突出贡献的人的奖项叫(　)。

A. 图灵奖　　　　B. 冯·诺依曼奖

C. 诺贝尔奖　　　　D. ACM 奖

二、思考题

1. 查一查关于计算机的起源与发展还有哪些有趣的人和事。

2. 搜集有关智能计算机和生物计算机的相关资料。

3. 你认为计算机在伦理和道德上还有哪些需要注意的问题。

第2章　走进计算机

阿兰·图灵奠定了计算机的理论基础，冯·诺依曼创建了现代计算机的体系结构和基本原理。历经半个多世纪的发展，虽然当代计算机的工作原理和体系结构在总体上依然是冯·诺依曼计算机体系结构，但其已由最初仅能实现数值计算的计算工具发展为能够存储和处理各种信息的综合信息系统，解决了很多实际问题，为人们的生产生活带来了极大的便利。

本章从计算机模型的演变出发，依次探讨计算机的理论模型、计算机的逻辑模型、现代计算机及未来计算机的组成，向读者展示计算机从理论到实践的全过程；然后重点讲解计算机与二进制，以及数值在计算机中的表示方式，真正地走进计算机，理解0和1的世界；最后，分析计算机设计中的几个重要思想，旨在让读者领略计算机设计之精妙。

现在，让我们一起走进计算机的世界吧！

2.1　计算机的理论模型

通过第1章的学习，我们知道现代通用计算机的雏形是查尔斯·巴贝奇于1834年设计的分析机。那么什么是通用计算机？通用计算机又是如何工作的？20世纪30年代，阿兰·图灵提出了图灵机模型，建立了通用计算机的理论模型，直观地说明了通用计算机的工作原理。正是因为有了图灵机理论模型，才有了人类有史以来最伟大的科学工具——计算机。本节将从图灵机的起源、基本思想、使用示例及意义几个方面全面了解图灵机模型。

2.1.1　图灵机的起源

任何科学思想、科学概念的诞生都有很多迷人的故事，图灵机也不例外。在20世纪的初期，被后人称为"数学世界的亚历山大"的德国数学家戴维·希尔伯特(David Hilbert)提出了著名的23个问题，统称为希尔伯特问题。这些问题的提出对现代数学的研究产生了深刻的影响，他相信每个数学问题都可以得到解决。23个问题中跟图灵机起源相关的可以总结为如下几个问题：

(1)数学是完备的吗？意思是，面对那些正确的数学陈述或真理，我们能否找出一个证明去验证？或者说数学真理是否总能被证明？

(2)数学是一致的吗？意思是，数学是否会有矛盾性或前后不一致，例如，某个数学陈述会不会有又正确又不正确的结论？数学会不会有内部矛盾？

(3)数学是可判定的吗？意思是，是否可以找到一种仅通过机械化的计算方法就可以判定某个数学陈述是正确的还是错误的？数学证明能否机械化？

前两个问题在1931年被年轻的逻辑学家库尔特·哥德尔(Kurt Gödel)所回答，这就是著名的哥德尔不完全性定理。同时哥德尔不完全性定理证明了许多问题是不可判定真假的。

哥德尔不完全性定理

哥德尔是奥地利裔美国著名数学家，不完全性定理是他在1931年提出来的。这一理论使数学基础研究发生了划时代的变化，更是现代逻辑史上很重要的一座里程碑。该定理与塔尔斯基的形式语言的真理论、图灵机和判定问题，被赞誉为现代逻辑科学在哲学方面的三大成果。

哥德尔证明了任何一个形式系统，只要包括了简单的初等数论描述，而且是自洽的，它必定包含某些系统内所允许的方法既不能证明真也不能证伪的命题。

那么哪些问题是可判定的，哪些问题是不可判定的呢?

这一具有哲学意义的问题被同时期的两个人解决，得到了相同的结论，并且可以相互印证正确性。一个是美国数学家丘奇，另一个就是前文 1.2.2 节中介绍的英国著名的数学家和逻辑学家——阿兰·图灵。"丘奇-图灵论题"就是指"所有计算或算法都可以由一台图灵机来执行"。

图灵为了解答这个问题，1936 年发表了论文"On computable numbers, with an application to the entscheidungs problem"(论可计算数及其在判定问题中的应用)，文中他以布尔代数为基础，将逻辑中的任意命题用一种通用的机器来表示和完成，并能按照一定的规则推导出结论，然后证明了：这个机器在有限时间内能够执行完毕的问题便是可以判定的问题，这个机器无法在有限时间内执行完毕的问题便是不可以判定的问题。这篇论文被誉为现代计算机原理的开山之作，文中提到的能够模拟所有计算的机器，被后人称为"图灵机"。

图灵的"歪打正着"

具有重大科学价值和历史意义的图灵机模型，其实并非是图灵那篇论文的本意。他的那篇论文主要是回答戴维·希尔伯特(David Hilbert)"23 个数学难题"中有关数学可判定性问题的，而自动计算机的理论模型则是其在论文的一个脚注中"顺便"提出来的。这真可谓"歪打正着"——图灵这篇传世的论文因为这个脚注，其正文的意义和重要性反而退居其次了。

如果称牛顿是"近代物理学之父"、伽利略是"观测天文学之父"、爱迪生是"光明之父"，那么图灵可被称为"计算机理论之父"。图灵的贡献绝对不亚于那些科学大师。图灵最大的贡献就是把可计算性这样一个具有哲学意义的问题用他的图灵机模型讲清楚了。正是因为图灵奠定的理论基础，人们才有可能创造 20 世纪以来甚至是人类有史以来最伟大的发明——计算机。

2.1.2 图灵机的基本思想

在哥德尔研究成果的影响下，图灵从计算一个数的一般过程入手对计算的本质进行了研究，从而实现了对计算本质的真正认识。

所谓计算，就是计算者(人或机器)对一条两端可无限延长的纸带上的一串 0 和 1 执行指令，一步一步地改变纸带上的 0 或 1，经过有限步骤，最后得到一个满足预先规定的符号串的变换过程。

图灵机就是将计算与自动进行的机械操作联系在一起的一种模型。其基本思想就是用机器来模拟人们用纸笔进行数学运算的过程，图灵把这样的过程看作下列两种简单的动作：

(1)在纸上写上或擦除某个符号；

(2)把注意力从纸的一个位置移动到另一个位置。

而在每个阶段，人要决定下一个动作，依赖于此人当前所关注的纸上某个位置的符号和此人当前思维的状态。

图 2-1 是网上一个比较经典的图灵机模型图：

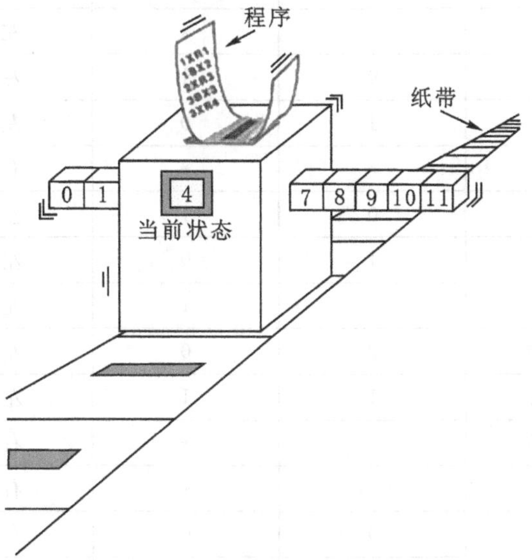

图 2-1　图灵机模型图

从图中可以看出图灵机主要由四个部分组成：一条无限长的纸带、一个读写头、一套控制规则、一个状态寄存器。

需要注意的是这个机器的每一部分都是有限的，但它有一个潜在的无限长的纸带，因此这种机器只是一个理想的抽象计算模型。

图灵认为这样的一台机器就可以模拟人类所能进行的任何计算过程。举个例子，有一个人要用笔和纸做乘法计算，那么图灵机就可以看作是这个人，纸带可以看作是此人用于演算记录的纸，读写头可以看作是他的笔，图灵机的当前状态可以看作是人的大脑运算的状态，而规则表则是人们用来计算乘法的规则表。

2.1.3　图灵机的工作过程

如上所述，图灵机的实现结构并不复杂，它有一条无限长的纸带，纸带由方格组成。有一个可以在纸带上移动的读写头，读写头连接控制器，控制器内有当前状态，以及一套控制规则表(也可称为程序表)。在每个时刻，读写头都要从当前纸带上读入一个方格信息，然后结合自己的内部状态查找规则表，根据规则输出信息到纸带方格上，并转换自己的内部状态，然后进行移动。图灵机不断重复上述的步骤，这便是它的执行过程。

下面举一个用图灵机计算 5+1 的例子来说明图灵机的工作过程。

按二进制计数制(本章 2.5 节中会讲到)考虑，那么在纸带输入的集合就为{0,1,*}，"*"号表示起始或终止位置标识符。这个机器就是包含 3 个信号的图灵机。

为了实现加法，图灵机的内部状态集合就应包括完成加法运算可能出现的各种状态，如，求和、进位、溢出、起始、终止等状态。因此，设计此图灵机的内部状态集合为{起始，加，进位，无进位，溢出，返回，终止}。定义规则表，如表 2-1 所示。

表 2-1 控制规则表

序号	输入		输出		
	当前状态	当前符号	新符号	读写头移动	新状态
1	起始	*	*	左移	加
2	加	0	1	左移	无进位
3	加	1	0	左移	进位
4	加	*	*	右移	终止
5	进位	0	1	左移	无进位
6	进位	1	0	左移	进位
7	进位	*	1	左移	溢出
8	无进位	0	0	左移	无进位
9	无进位	1	1	左移	无进位
10	无进位	*	*	右移	返回
11	溢出	0/1	*	右移	返回
12	返回	0	0	右移	返回
13	返回	1	1	右移	返回
14	返回	*	*	停	终止

设初始情况下，纸带上的内容为 5，二进制数为 101，读写头在右侧的起始位置 * 上（图 2-2(a)中黑色加粗部分），这时机器的内部状态为“起始”（如图 2-2(a)所示）。

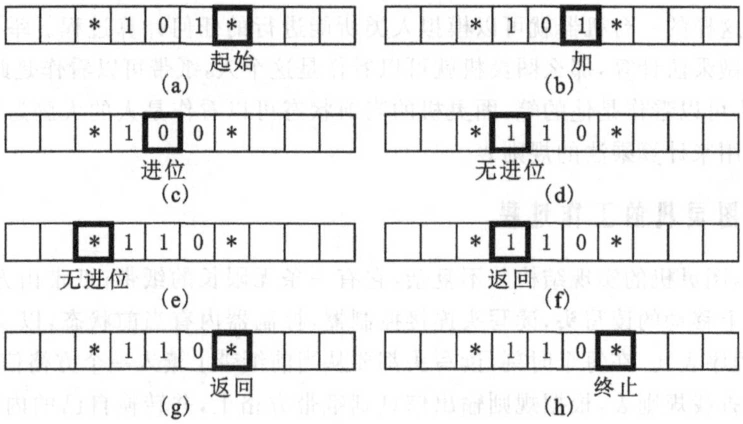

图 2-2 图灵机计算 5+1 的工作过程

根据表 2-1 所示的控制规则，该图灵机的工作过程如下：

(1)当前状态为“起始”，当前符号为“ * ”，按照规则 1，纸带上的符号保持为“ * ”，读写头左移一格，状态变为“加”（如图 2-2(b)所示）。

(2)当前状态为“加”，当前符号为“1”，按照规则 3，纸带上的符号变为“0”，读写头左移一格，状态变为“进位”（如图 2－2(c)所示）。

(3)当前状态为“进位”，当前符号为“0”，按照规则 5，纸带上的符号变为“1”，读写头左移一格，状态变为“无进位”（如图 2－2(d)所示）。

(4)当前状态为“无进位”，当前符号为“1”，按照规则 9，纸带上的符号保持为“1”，读写头左移一格，状态为“无进位”（如图 2－2(e)所示）。

(5)当前状态为“无进位”，当前符号为“＊”，按照规则 10，纸带上的符号保持为“＊”，读写头右移一格，状态变为“返回”（如图 2－2(f)所示）。

(6)继续查规则表，读写头会一直右移，返回到起始位置（如图 2－2(g)所示）。

(7)返回到起始位置时，当前状态为“返回”，当前符号为“＊”，按照规则 14，纸带上的符号保持为“＊”，读写头停止移动，状态变为“终止”（如图 2－2(h)所示）。

至此，这个图灵机就完成了 5＋1 的计算，纸带内容也由原来的 101 变为 110，即数字 6 的二进制数。

从这个例子可以看出，纸带就像现代计算机中的存储器一样。控制规则就像现代计算机中的程序，计算机根据程序中的内容完成具体运算。只要给程序中添加足够多的规则、扩充更多状态，就可以让图灵机有更多的功能，理论上可以实现现代计算机能做的一切复杂算法。

A Turing machine is a general example of a central processing unit (CPU) that controls all data manipulation done by a computer, with the canonical machine using sequential memory to store data. More specifically, it is a machine (automaton) capable of enumerating some arbitrary subset of valid strings of an alphabet; these strings are part of a recursively enumerable set. A Turing machine has a tape of infinite length on which it can perform read and write operations.

——Wikipedia

2.1.4 图灵机的意义

可判定性的问题可以说是计算理论中最具哲学意义的定理之一。在逻辑中，如果某个逻辑命题是不可判定的，也就是说对它的推理过程将一直运行下去，不会停止。在计算理论中，可以将“在有限的时间内无法得到解决的问题”认为是不可判定问题，也就是说，这些问题是“不可计算”的。如何判定哪些问题是“可计算”的，哪些是“不可计算”的，“不可计算”问题有怎样的层谱和相互关系，这便是可计算性理论的研究内容。

图灵机的产生，最重要的就是说明了图灵机能计算的问题便是可计算问题，图灵机无法计算的问题便是不可计算问题，即将可计算性等价为图灵机可计算性，亦说明了可计算的极限是什么（也就是所谓的图灵停机问题），这也为今天计算机的能力极限给出了结论。目前尚未找到其他的计算模型（包括量子计算机在内）可以计算图灵机无法计算的问题；同时，图灵机作为现代通用计算机的理论原型，为现代计算机指明了发展方向，肯定了现代计算机实现的可能性，数学家冯·诺依曼就是在图灵机模型的基础上提出了奠定现代计算机基础的计算机逻辑模型——冯·诺依曼架构。

2.2 计算机的逻辑模型

2.2.1 冯·诺依曼机的诞生

20世纪40年代,冯·诺依曼在参与世界上第一台通用电子数值积分计算机——ENIAC的研制工作时,发现ENIAC有两个致命的缺陷:一是它采用人们习惯的十进制计数方法,用20个带符号的十位累加器来完成十进制运算,导致它的逻辑元件多,结构复杂,可靠性低;二是没有内部存储器,操纵运算的指令分散存储在许多电路部件内,做一次计算就要把这些电路部件搭配起来,如同搭积木一样,不同的计算就要搭配不同的电路部件,相当繁琐,并且费时费力。

针对这两个问题,冯·诺依曼和其他合作者进行了长达半年多的改革研究,最终取得了令人满意的成果。但是,由于当时ENIAC的制造已接近尾声,因此未能采用冯·诺依曼的改进意见。然而他的这个研究成果却得到了ENIAC研制小组专家的青睐,他们在ENIAC尚未竣工之前,就着手计划一个全新结构的电子计算机,就是后来的离散变量自动电子计算机——EDVAC计算机。

1945年6月底,冯·诺依曼与戈德斯坦、勃克斯等人,为EDVAC的发明发表了一篇长达101页纸的计划草案,即计算机史上著名的"101页报告"。在这个方案中,冯·诺依曼提出了在计算机中采用二进制算法和设置内存储器的理论,并明确规定了电子计算机须由运算器、控制器、存储器、输入设备和输出设备等五大部分构成的基本结构形式。他认为,计算机采用二进制算法和内存储器后,指令和数据便可以一起存放在存储器中,并可做同样的处理,这样,不仅可以使计算机的结构大大简化,而且为提高运算速度及实现运算控制自动化提供了良好的条件。EDVAC于1952年建成(如图2-3所示),它的运算速度虽然与ENIAC相似,但使用的电子管却只有5900多个,比ENIAC少得多。EDVAC的诞生,使计算机技术出现了一个新的飞跃,它奠定了现代电子计算机的基本结构,标志着电子计算机时代的真正开始。人们后来把根据这一方案思想设计的机器统称为"冯·诺依曼机"。

图2-3 冯·诺依曼与EDVAC

2.2.2　冯·诺依曼机的核心思想

冯·诺依曼结构也称普林斯顿结构，是一种将程序指令存储器和数据存储器合并在一起的存储器结构。该结构的核心思想是“存储程序控制原理”，其工作方式是：任何要计算机完成的工作都要先被编写成程序，然后将程序和所要处理的数据送入存储器，再启动执行。启动后，计算机可以不需要操作人员的干预，自动完成取出指令和执行指令的任务。

“存储程序控制原理”的基本内容主要包括以下三个方面：

(1)采用二进制：计算机中所有的数据和指令统一采用二进制编码。

(2)程序存储执行：将程序(数据和指令序列)预先存放在主存储器中(程序存储)，使计算机在工作时能够自动高速地从存储器中取出指令，并加以执行(程序控制)。

(3)计算机由五大基本部件组成：运算器、控制器、存储器、输入设备和输出设备。

①运算器：完成各种算术、逻辑运算和数据传送等数据加工处理的部件。

②控制器：能够根据需要控制程序走向，并能根据指令控制机器的各部件协调操作，它是发布命令的“决策机构”，控制程序有条不紊地执行命令。

③存储器：存放程序、数据、中间结果及最终运算结果的部件。

④输入设备：把程序和数据送到计算机中，并将它们转换成计算机内部所能识别和接收的形式。

⑤输出设备：将计算机处理的结果转换成其他设备能接收和识别的形式。

冯·诺依曼机典型结构模型如图 2－4 所示：

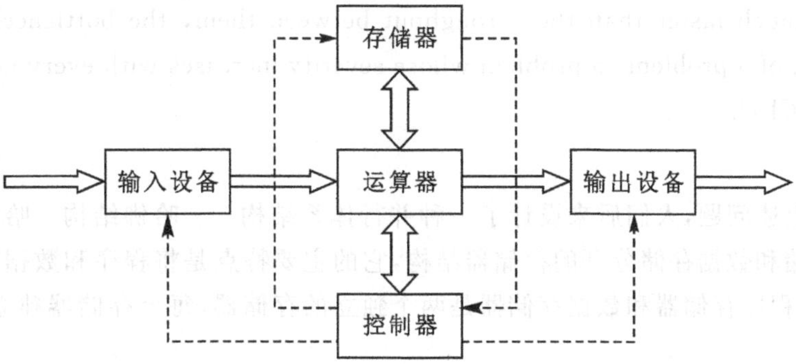

图 2－4　冯·诺依曼机结构示意图

从图中可以看出，冯·诺依曼机以运算器为中心，输入输出设备与存储器之间的数据传送都要经过运算器。在上述 5 个部件的密切配合下，计算机的工作过程可归结为：

(1)控制器控制输入设备将数据和程序从输入设备输入到内存储器；

(2)在控制器指挥下，从存储器取出指令送入控制器；

(3)控制器分析指令、指挥运算器、存储器执行指令规定的操作；

(4)运算结果由控制器控制送存储器保存或送输出设备输出。

(5)返回到步骤(2)，继续取下一条指令，如此反复，直至程序结束。

从冯·诺依曼机的诞生到现在，虽已过去了半个多世纪，但现在大多计算机仍采用冯·诺依曼计算机的组织结构，只是做了一些改进而已，并没有从根本上突破冯·诺依曼体系结构的束缚。计算机的基本工作原理仍然是存储程序控制原理，二进制也依然是计算机硬件唯一能够直接识别的数制。因此人们称冯·诺依曼为“计算机之父”。

2.2.3 冯·诺依曼机的局限性

由于冯·诺依曼机将程序和数据都存储在一片物理内存上，在CPU运行程序的时候，数据和指令都需要通过CPU与内存之间的总线，而总线的传输能力也是有限的，因此导致系统的性能受到制约。指令和数据放在一起的问题就是取指令和取数据不能同时进行，否则会引起访存的混乱。计算机发展到今天，CPU的运算速度已经远远超过了访存速度，但是在冯·诺依曼机的结构下，CPU必须花费时间来等数据，势必会影响程序的运行速度，制约系统的性能。由于指令与数据放在同一内存带来的CPU利用率（吞吐率）限制就是“冯·诺依曼瓶颈”。

> The shared bus between the program memory and data memory leads to the von Neumann bottleneck, the limited throughput (data transfer rate) between the central processing unit (CPU) and memory compared to the amount of memory. Because the single bus can only access one of the two classes of memory at a time, throughput is lower than the rate at which the CPU can work. This seriously limits the effective processing speed when the CPU is required to perform minimal processing on large amounts of data. The CPU is continually forced to wait for needed data to be transferred to or from memory. Since CPU speed and memory size have increased much faster than the throughput between them, the bottleneck has become more of a problem, a problem whose severity increases with every newer generation of CPU.
>
> ——Wikipedia

为了解决上述问题，人们后来设计了一种并行体系结构——哈佛结构。哈佛结构是一种将程序指令存储和数据存储分开的存储器结构，它的主要特点是将程序和数据存储在不同的存储空间中，即程序存储器和数据存储器是两个独立的存储器，每个存储器独立编址、独立访问。

在现代微型计算机系统中，其总体结构依然是冯·诺依曼结构，但在微处理器内部，由于采用了缓存（cache）技术，实现了指令和数据分开存放，同时共享公共总线，相当于改进型的哈佛结构。

2.3 现代计算机

有了理论模型和逻辑模型的积淀，现代计算机体系也逐渐形成。可以说图灵机是现代计算机的“灵魂”，冯·诺依曼机则是现代计算机的“肉体”。现代计算机结构本质上仍旧是冯·诺依曼机结构，只是做了一些改进，扩展了存储器，已转化为以存储器为中心（如图2-5所示）。其原因是随着信息时代的到来，需要存储和处理的数据日益增多，电子技术也在不断地发展，存储器容量也在不断扩大，显然，以运算器为中心的结构已不能满足计算机发展的需求，甚至会影响计算机的性能。为适应发展的需要，现代计算机组织结构逐步转化为以存储器为中心的结构。

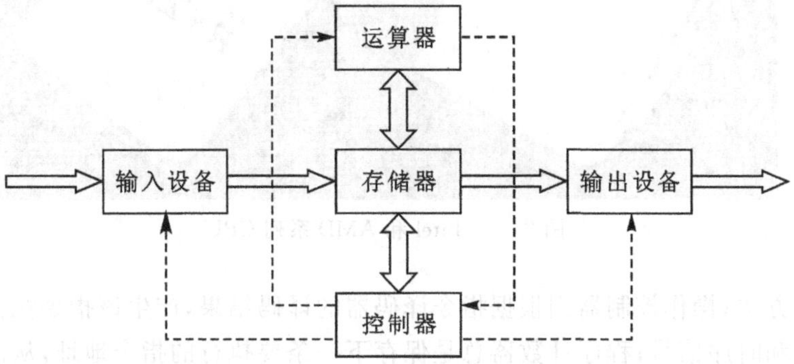

图 2-5　以存储器为中心的计算机结构示意图

可以看出，现代计算机仍然主要是由运算器、控制器、存储器、输入和输出设备等五大组件构成，但是由于运算器和控制器在逻辑关系和电路结构上联系得十分紧密，通常将它们合起来统称为中央处理器，简称 CPU，把输入输出设备简称为 I/O 设备，这样现代计算机可以认为由三大部分组成：CPU、主存储器和 I/O 设备。CPU 和主存储器一起可以统称为主机，I/O 设备称为外部设备，结构如图 2-6 所示。

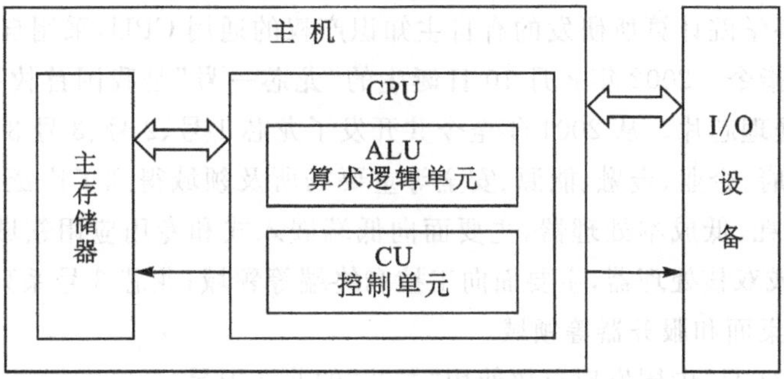

图 2-6　现代计算机结构图

2.3.1　CPU

中央处理器(CPU)，又称微处理器。它是微型计算机的核心部件，担负着计算机的运算及控制功能。CPU 也可以看作是计算机的大脑。目前个人计算机 CPU 的品牌主要有 Intel 系列和 AMD 系列(如图 2-7 所示)，它们占据 95%的个人计算机 CPU 市场。

中央处理器由三部分组成：控制器、运算器和寄存器。

(1)控制器：是计算机的指挥中心，主要用于控制计算机的操作和数据处理功能的执行。控制器由指令寄存器、指令译码器、操作控制器和程序计数器 4 个部件组成。指令寄存器用以保存当前执行或即将执行的指令代码；指令译码器用来解析和识别指令寄存器中所存放指令

图 2-7 Intel 和 AMD 系列 CPU

的性质和操作方法；操作控制器则根据指令译码器的译码结果，产生该指令执行过程中所需的全部控制信号和时序信号；程序计数器总是保存下一条要执行的指令地址，从而使程序可以自动、持续地运行。

(2)运算器：是专门负责处理数据的部件，它既能进行算术运算，又能进行逻辑运算。运算器由算术逻辑单元(ALU)、累加器、通用寄存器组、状态寄存器等组成。ALU 是运算器的核心部件，主要完成对二进制信息的算术运算(加、减、乘、除四则运算)、逻辑运算(与、或、非、异或、同或等)和各种移位操作；通用寄存器组主要用来保存参加运算的操作数和运算的结果；状态寄存器用来记录算术、逻辑运算或测试操作的结果状态。

(3)寄存器：处理器内部的暂时存储单元，用来暂存指令、数据和地址。

说到 CPU，就不得不提一下我国拥有自主知识产权的通用高性能微处理芯片——龙芯。

龙芯是中国科学院计算所研发的有自主知识产权的通用 CPU，采用自主 LoongISA 指令系统，兼容 MIPS 指令。2002 年 8 月 10 日诞生的“龙芯一号”是我国首枚拥有自主知识产权的通用高性能微处理芯片。从 2001 年至今共开发了龙芯 1 号、2 号、3 号 3 个系列处理器和龙芯桥片系列，在政府、企业、金融、能源、安全等重要场所及领域得到了广泛的应用。龙芯 1 号系列为 32 位低功耗、低成本处理器，主要面向低端嵌入式和专用应用领域；龙芯 2 号系列为 64 位低功耗单核或双核处理器，主要面向工控和终端等领域；龙芯 3 号系列为 64 位多核系列处理器，主要面向桌面和服务器等领域。

2015 年 3 月 31 日，中国发射首枚使用“龙芯”的北斗卫星。

2019 年 12 月 24 日，龙芯 3A4000/3B4000 在北京发布，使用与上一代产品相同的28 nm 工艺，通过设计优化，实现了性能的成倍提升。其使用龙芯公司最新研制的新一代处理器核 GS464V，主频为 1.8～2.0 GHz，SPEC CPU2006 定点和浮点单核分值均超过 20 分，是上一代产品的两倍以上。龙芯坚持自主研发，芯片中的所有功能模块，包括 CPU 核心等在内的所有源代码均实现了自主设计，所有定制模块也均为自主研发。

2020 年 3 月 3 日，360 公司与龙芯中科技术有限公司联合宣布，双方将加深多维度合作，在芯片应用和网络安全开发等领域进行研发创新，并展开多方面技术与市场合作。

2.3.2 主存储器

存储器是存储程序和数据的部件，它可以自动完成程序或数据的存取。计算机中的全部信息，包括输入的原始数据、计算机程序、中间运行结果和运行的最终结果都保存在存储器中，所以说存储器是计算机系统中的记忆设备。按用途存储器可分为主存储器(内存,内存条如图 2-8 所示)和辅助存储器(外存)两大类。本书只介绍主存储器。

图 2-8　内存条

内存用于暂时存放 CPU 中的运算数据、与硬盘等外部辅助存储器交换的数据。内存中的芯片一般采用半导体硅作为主要材料,其与辅助存储器相比有容量小、读写速度快、价格高等特点。内存主要包括只读存储器(ROM)和随机存储器(RAM)。

1. 只读存储器(read-only memory,ROM)

只读存储器在制造的时候,信息(数据或程序)就被存入并永久保存。其特点就是只能读出信息却无法写入信息。即使突然断电或停电,在只读存储器中的信息也不会丢失,因此只读存储器一般用于存放计算机的各种固定程序和数据。

2. 随机存储器(random-access memory,RAM)

随机存储器也称随机存取存储器(RAM),其可以与 CPU 直接进行数据交换,也称为计算机的主存。一般说的计算机内存容量均指随机存储器的容量。随机存储器有两个重要特点:一是随机存取,是指 CPU 可以随时直接对随机存储器进行读/写操作,所需的时间与读/写的信息所在位置无关,当写入时,原来存储的数据被冲掉;二是易失性,是指当电源断开(关机或异常断电)时,随机存储器中的信息会立即丢失,也就是不能保留信息。因此计算机在每次启动时都要对随机存储器进行重新装配。

2.3.3　外部设备

所谓外部设备,是指所有能够与计算机进行信息交换的设备。它们既包括使用计算机所必需的基本外部设备(如键盘、鼠标等),也包括其他各种能够连接到计算机、能够接收计算机所发出的各种信息或向计算机发送信息的各类设备、控制仪器等。把向计算机输入数据和信息的设备称为输入设备,其是计算机与用户或其他设备通信的桥梁,如鼠标、键盘、扫描仪等;把接收计算机输出信息的设备称为输出设备,其是人与计算机交互的一种部件,如显示器、绘图仪、打印机等。当然,也有些设备既能接收计算机输出的信息,也能向系统输入信息,具体担当何种角色,则视其在某个时刻数据传输的方向而定。

输入输出设备(I/O 设备)起着人和计算机、设备和计算机、计算机和计算机的联系作用。但其不能与 CPU 直接进行数据交换,必须通过输入输出接口(I/O 接口)进行。

I/O 接口是将外设连接到系统总线上的一组逻辑电路的总称,也称为外设接口。从逻辑上看,其在系统中的位置如图 2-9 所示。由此可见,I/O 接口在系统中承担着处理器和外设之间信息交换的“桥梁”的作用,用于保障处理器与外设之间的正常通信。

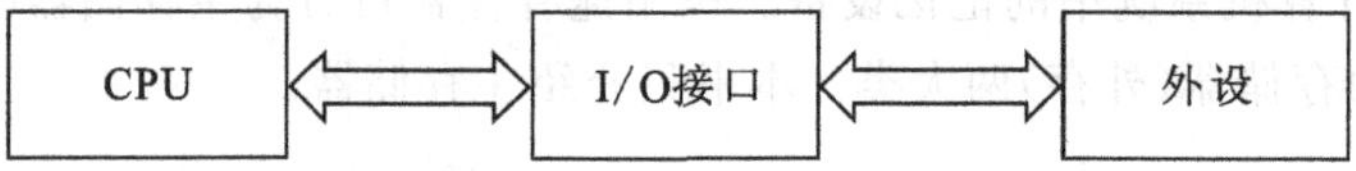

图 2-9　I/O 接口在系统中的位置示意图

2.4　未来计算机

2.2.3 节中学习过,冯·诺依曼机在体系结构上存在局限性,从根本上限制了计算机的发展,特别是并行计算的发展。因此,从 20 世纪 80 年代起,研究人员陆续提出了多种与冯·诺依曼机截然不同的新概念模型的系统结构,如并行计算机、数据流计算机、量子计算机、生物计算机等非冯·诺依曼机,它们部分或完全不同于传统的冯·诺依曼机,在很大程度上提高了计算机的计算性能。

2.4.1　量子计算机

1981 年,美国著名物理学家理查德·费曼在一次公开演讲中,第一次表述了量子模拟的想法:“自然不是经典的,如果你想对自然进行模拟,那么你最好把计算机量子化。”理查德·费曼当时就想到如果用量子系统所构成的计算机来模拟量子现象,则可大幅度减少运算时间。量子计算机的概念由此诞生。

量子计算机(quantum computer)是一种全新的基于量子理论的计算机,是遵循量子力学规律进行高速数学和逻辑运算、存储及处理量子信息的物理装置。量子计算机的概念源于对可逆计算机的研究。量子计算机应用的是量子比特,可以同时处在多个状态,而不像传统计算机那样只能处于 0 或 1 的二进制状态。

经典粒子在某一时刻的空间位置只有一个,而量子客体则可以存在空间的任何位置,具有波粒二象性,量子存储器可以以不同的概率同时存储 0 或 1,具有量子叠加性。如果量子计算机的 CPU 中有 n 个量子比特,一次操作就可以同时处理 $2n$ 个数据,而传统计算机一次只能处理一个数据。例如,具有 5000 个量子位的量子计算机,可以在 30 秒内解决传统超级计算机要 100 亿年才能解决的大数因子分解问题。

量子计算机的特点主要有运行速度较快、处置信息能力较强、应用范围较广等。量子计算机主要应用于复杂的大规模数据处理与计算难题,以及基于量子加密的网络安全服务。基于自身在计算方面的优势,在金融、医药、人工智能等领域,量子计算机都有着广阔的市场。

我国量子计算机的发展

2020 年 12 月 4 日,中国科学技术大学宣布该校潘建伟等人成功构建 76 个光子的量子计算原型机“九章”。“九章”是中国科学技术大学潘建伟团队与中科院上海微系统所、国家并行计算机工程技术研究中心合作,成功构建的 76 个光子的量子计算原型机,其求解数学算法高斯玻色取样只需 200 秒。这一突破使我国成为全球第二个实现“量子优越性”的国家。

2021 年 2 月 8 日,中科院量子信息重点实验室的科技成果转化平台合肥本源量子科技公司发布具有自主知识产权的量子计算机操作系统“本源司南”。本源司南实现了量子资源系统化管理、量子计算任务并行化执行、量子芯片自动化校准等全新功能，助力量子计算机高效稳定运行，标志着国产量子软件研发能力已达国际先进水平。

2.4.2　生物计算机

生物计算机是指用生物芯片制成的计算机，这种生物芯片是由蛋白质和其他有机物质的分子组成的，它是以分子电子学为基础研制的一种新型计算机，该种计算机涉及多种学科领域，包括计算机科学、脑科学、分子生物学、生物物理、生物工程、电子工程等有关学科。

生物计算机芯片本身还具有并行处理的功能，其运算速度要比当今最新一代的计算机快10万倍，能量消耗仅相当于普通计算机的十亿分之一，存储信息的空间仅占普通计算机的百亿亿分之一。生物计算机有很多优点，主要表现在以下几个方面：

(1)体积小，功效高；

(2)芯片的永久性与可靠性高；

(3)存储与并行处理性能优异；

(4)发热少与抗信号干扰能力强；

(5)数据错误率低。

DNA生物计算机是美国南加州大学阿德拉曼博士在1994年提出的，它通过控制DNA分子间的生化反应来完成运算。但目前流行的DNA计算技术都必须将DNA溶于试管液体中，因此这种电脑由一堆装着有机液体的试管组成，很是笨拙。

2.4.3　光计算机

光计算机和传统硅芯片计算机的差异在于用光束来代替电子进行运算和存储。它用不同波长的光来代表不同的数据，可快速完成复杂的计算工作。光计算机的出现，将使21世纪成为人机交际的时代。在未来光计算机的运用也非常广泛，特别是在一些特殊领域，比如预测天气、气候等一些复杂而多变的过程。使用光波而不是电流来处理数据和信息对于计算机的发展是非常重要的一步。将来，光计算机将为我们带来更强劲的运算能力和更快的处理速度，甚至会为将来和生物科学等学科的交叉融合打开一扇新的大门。

然而要想造出光计算机，需要开发出可用一条光束控制另一条光束变化的光学“晶体管”。现有的光学“晶体管”庞大而笨拙，用其造成台式计算机，将有一辆汽车那么大。因此，短期内光计算机达到实用很困难。

上述三种具有强大处理能力的未来计算机，将对现有计算机体系产生强大的冲击。当然，这三种前景被看好的未来计算机，要运用到实际中还有相当漫长的路要走。

2.5　理解0和1的世界

通常，数有两种用途，一种是用于记数，另一种是用于计算。当它用于记数时，它所表示的大小与它使用的进制是没有关系的；而当它用于计算时，采用不同的数制，其计算的实现必将不同。数的进制也直接关系到计算机的硬件设计和制造，想要了解计算机的世界，得先从理解数制开始。

2.5.1 何谓数制

1. 数制的定义

数制，即表示数值的方法，也称计数制，是用一组固定的符号和统一的规则来表示数值的方法。数制有非进位数制和进位数制两种：表示数值的数码与它在数中的位置无关的数制称为非进位数制，如罗马数字；按进位的原则进行计数的数制称为进位数制，简称“进制”。

在日常生活中经常要用到数制，通常采用的是由 0～9 这 10 个数字符号构成的十进制数制。除了十进制计数以外，在生活中还有许多非十进制的计数方法。例如，一年有 12 个月，用的是十二进制计数法；1 小时有 60 分钟，1 分钟有 60 秒，用的是六十进制计数法；一星期有 7 天，用的是七进制计数法；等等。当然，生活中还有许多其他各种各样的进制计数法。

2. 数制的规律

数制虽然有多种类型，但不论是哪一种数制，其计数和运算都有共同的规律和特点。

(1)数制的基数确定了所采用的进位计数制。表示一个数字时所用的数字符号的个数称为基数。对于 N 进位数制，有 N 个数字符号。例如：十进制中有 0～9 十个数字符号，基数为 10。

(2)N 进位数制中，逢 N 进 1，借 1 当 N。在 N 进制数的加减运算中，两个数字相加，如果和大于等于 N，则向高位进位；在做减法运算时，如果被减数小于减数，则可以向高位借位，每借 1，则按照 N 来使用。例如：十进制中逢 10 进 1，借 1 当 10。

(3)采用位权表示法。位权是指一个数字在某个固定位置上所代表的值，简称权。处在不同位置上的数字所代表的值不同，每个数字的位置决定了它的值。而权与基数的关系是：各进位制中权的值是基数的若干次幂。因此，用任何一种数制表示的数都可以写成按权展开的多项式之和。对任意一个 K 进制数 S，都可用权展开式表示为：

$$(S)_k = S_{n-1} \times K^{n-1} + S_{n-2} \times K^{n-2} + \cdots + S_0 \times K^0 + S_{-1} \times K^{-1} + \cdots + S_{-m} \times K^{-m}$$
$$= \sum_{i=-m}^{n-1} S_i \times K^i$$

例如，十进制数 231.67 可以用如下形式表示：

$$(231.67)_{10} = 2\times10^2 + 3\times10^1 + 1\times10^0 + 6\times10^{-1} + 7\times10^{-2}$$

3. 常用的数制

在日常生活中，人们习惯使用十进制数，而计算机内部采用二进制数。由于二进制表示一个较大数时既冗长又难以记忆，且使用起来也比较困难，考虑到人们的习惯和编程书写上的需求，人们在计算机应用中也常常使用八进制数和十六进制数。

1)十进制数

十进制(decimal system)是我们最习惯、最熟悉的计数制，有 0～9 十个数字符号，用符号 D 标识。一个任意十进制数可用权展开式表示为：

$$(D)_{10} = D_{n-1} \times 10^{n-1} + D_{n-2} \times 10^{n-2} + \cdots + D_1 \times 10^1 + D_0 \times 10^0 + D_{-1} \times 10^{-1} + \cdots + D_{-m} \times 10^{-m}$$
$$= \sum_{i=-m}^{n-1} D_i \times 10^i$$

其中，D_i 是 D 的第 i 位的数码，可以是 0～9 十个符号中的任何一个；n 和 m 为正整数，n 表示小数点左边的位数，m 表示小数点右边的位数；10 为基数；10^i 称为十进制的权。

2）二进制数

二进制（binary）数由 0 和 1 两个符号组成，用符号 B 标识，遵循逢二进位的法则。一个二进制数可用其权展开式表示为：

$$(B)_2 = B_{n-1}\times 2^{n-1} + B_{n-2}\times 2^{n-2} + \cdots + B_0\times 2^0 + B_{-1}\times 2^{-1} + \cdots + B_{-m}\times 2^{-m}$$
$$= \sum_{i=-m}^{n-1} B_i \times 2^i$$

其中，B_i 为 1 或 0；2 为基数；2^i 为二进制的权；n 和 m 的含义与十进制表达式相同。为与其他进位计数制相区别，一个二进制数通常用下标 2 或大写字母 B 表示。例如：一个二进制数 1101，可以表示为 1101B，也可以表示为 $(1101)_2$。

3）八进制数

八进制（octal system）数共有 0～7 八个数符，用符号 O 标识，其运算规律为逢八进位。一个八进制数可用其权展开式表示为：

$$(O)_8 = O_{n-1}\times 8^{n-1} + O_{n-2}\times 8^{n-2} + \cdots + O_0\times 8^0 + O_{-1}\times 8^{-1} + \cdots + O_{-m}\times 8^{-m}$$
$$= \sum_{i=-m}^{n-1} O_i \times 8^i$$

其中，O_i 在 0～7 范围内取值；8 为基数；8^i 为八进制的权；n 和 m 的含义与十进制表达式相同。一个八进制数通常用下标 8 或大写字母 O 表示。例如：一个八进制数 325，可以表示为 325O，也可以表示为 $(325)_8$。

4）十六进制数

十六进制（hexadecimal system）数共有 16 个数字符号，0～9 及 A～F，用符号 H 标识。其中：A 相当于十进制的 10，相应地，B=11，以此类推。

十六进制的运算法则遵循逢十六进位。一个十六进制数的权展开式为：

$$(H)_{16} = H_{n-1}\times 16^{n-1} + H_{n-2}\times 16^{n-2} + \cdots + H_0\times 16^0 + H_{-1}\times 16^{-1} + \cdots + H_{-m}\times 16^{-m}$$
$$= \sum_{i=-m}^{n-1} H_i \times 16^i$$

式中，H_i 在 0～F 范围内取值；16 为基数；16^i 为十六进制数的权；n 和 m 的含义与十进制表达式相同。十六进制数必须用 H 或用下标 16 表示。例如：一个十六进制数 38F. A 可以表示为 38F. AH 或 $(38F.A)_{16}$。

有了二进制和十进制，已经是既满足了计算机的要求，又满足了计数的要求，那为什么还要引入八进制和十六进制呢？主要的原因就是我们前边提到的既可以缩短书写长度，又与二进制有直接的对应关系。

两位二进制数码有 00、01、10、11 四种状态组合。依此类推，4 位二进制数码就有 16 种组合（也可以这样想：因为 $2^4=16$）。如此，我们就可以用 1 位十六进制数来代表 4 位二进制数，这样，书写的长度就缩短了 4 倍；同时，对应关系又非常明确：1 位十六进制数恰好可用 4 位二进制数表示，且它们之间的关系是唯一的。所以，在计算机应用中，虽然机器只能识别二进制数，但在数字的表达上，八进制和十六进制的使用也很广泛。

4. 数制间的转换

计算机采用二进制数，但实际编写程序时很少直接使用二进制。虽然现代计算机中的数制转换都由编译软件完成，但作为进一步学习的基础，我们依然需要非常清楚地了解不同计数制之间的转换。

1)非十进制数转换为十进制数

非十进制数转换为十进制数的方法比较简单，只要将它们按相应的权表达式展开，再按十进制运算规则求和，即可得到它们对应的十进制数。

【例 2-1】 将二进制数 1101.101 转换为十进制数。

解：根据二进制数的权展开式，有：

$$1101.101B=1\times2^3+1\times2^2+0\times2^1+1\times2^0+1\times2^{-1}+0\times2^{-2}+1\times2^{-3}=13.625$$

【例 2-2】 十六进制数 38EF.A4H 可表示为：

$$(38EF.A4)_{16}=3\times16^3+8\times16^2+14\times16^1+15\times16^0+10\times16^{-1}+4\times16^{-2}$$
$$=14575.640625$$

2)十进制数转换为非十进制数

十进制数转换为非十进制（K 进制）数时，整数和小数部分应分别进行转换。整数部分转换为 K 进制数时采用“除 K 取余”的方法。即连续除 K 并取余数作为结果，直至商为 0，得到的余数从低位到高位依次排列即得到转换后 K 进制数的整数部分；对小数部分，则用“乘 K 取整”的方法。即对小数部分连续用 K 乘，以最先得到的乘积的整数部分为最高位，直至达到所要求的精度或小数部分为零为止。

【例 2-3】 将十进制数 115.25 转换为对应的二进制数。

解：

整数部分			小数部分		
115/2=57	········	余数=1(最低位)	0.25×2=0.5	········	整数=0(最高位)
57/2=28	········	余数=1	0.5×2=1.0	········	整数=1
28/2=14	········	余数=0			
14/2=7	········	余数=0			
7/2=3	········	余数=1			
3/2=1	········	余数=1			
1/2=0	········	余数=1			

从而得到转换结果：$(115.25)_{10}=(1110011.01)_2$。

【例 2-4】 将十进制数 503.6875 转换为对应的十六进制数。

解：

整数部分			小数部分		
503/16=31	········	余数=7	0.6875×16=11.0000	········	整数=$(11)_{10}=(B)_{16}$
31/16=1	········	余数=F			
1/16=0	········	余数=1			

转换结果：503.6875= 1F7.BH。

【例 2-5】 将十进制数 503.6785 转换为对应的八进制数。

解：

整数部分			小数部分		
503/8=62	………	余数=7	0.6875×8=5.5	………	整数=5(最高位)
62/8=7	………	余数=6	0.5×8=4.0	………	整数=4
7/8=0	………	余数=7			

所以,转换结果为:$503.6875=(767.54)_8$。

3)非十进制数之间的转换

由于 $2^4=16$、$2^3=8$,故二进制数与十六进制数、八进制数之间都存在有特殊的关系。1位十六进制数可用4位二进制数来表示,而1位八进制数可用3位二进制数表示,且它们之间的关系是唯一的。这就使得十六进制数与二进制数之间、八进制数与二进制数之间的转换都非常容易。

计算机中常用的二进制数、十六进制数、八进数和十进制数之间的关系如表2-2所示。

表2-2 数制对照表

十进制数	二进制数	十六进制数	八进制数
0	0000	0	0
1	0001	1	1
2	0010	2	2
3	0011	3	3
4	0100	4	4
5	0101	5	5
6	0110	6	6
7	0111	7	7
8	1000	8	10
9	1001	9	11
10	1010	A	12
11	1011	B	13
12	1100	C	14
13	1101	D	15
14	1110	E	16
15	1111	F	17

将二进制数转换为十六进制数的方法是:

①对整数部分,从小数点开始自右向左,将每4位二进制数分为一组,若最高位的一组不足4位,则在其左边补零;

②对小数部分,从小数点开始自左向右,将每4位二进制数分为一组。若小数最低位的一组不足4位,则在其右边补零;

③将每组二进制数用对应的十六进制数代替,则得到转换结果。

同样的方法,可实现二进制数到八进制数的转换。即:从小数点开始分别向左和向右将每

3位二进制数分为一组，若整数最高位的一组不足3位，则在其左边补零；若小数最低位的一组不足3位，则在其右边补零。

相应地，十六进制数和八进制数转换为二进制数时，可用4位/3位二进制代码取代对应的1位十六进制/八进制数。

【例2-6】 将二进制数1110100110.101101B转换为十六进制数。

解：

二进制数	0011	1010	0110	.	1011	0100
	↓	↓	↓		↓	↓
十六进制数	3	A	6		B	4

即：1110100110.101101B＝3A6.B4H。

【例2-7】 将八进制数$(573.24)_8$转换为二进制数。

解：

八进制数	5	7	3	.	2	4
	↓	↓	↓		↓	↓
二进制数	101	111	011	.	010	100

从而得：$(573.24)_8$＝101111011.010100B。

2.5.2 计算机与二进制

1. 计算机为什么要使用二进制

在数学史上，二进制是和德国伟大的数学家莱布尼茨(1646－1716)的名字联系在一起的。但有人认为二进制来源于中国，因为《周易》中早已有了二进制，莱布尼茨就是受《周易》的启发，发明了二进制和计算机。还有人进一步发挥说，既然二进制来源于中国，那么，计算机的老祖宗也应该在中国。

这到底是怎么回事呢？

2.5.1节中我们知道，数学上的进位制是人们为了计数和运算的方便而约定的，约定逢二进一，就是二进制；约定逢三进一，就是三进制；依此类推。不同的进位制，除了繁简的差异外，没有任何本质上的区别。

而莱布尼茨则是站在更高的角度，他从二进制的简洁和优美洞察到，二进制不仅可以用来方便地进行数的表示和运算，而且还可以方便地表达集合代数和逻辑代数，进行集合运算和逻辑运算。他特别提倡二进制，并试图以此为工具构建一种通用的数理语言。所以说，二进制是不需要谁来发明的，需要的是从顺手捻来的自然数的二进制表示出发，建立相应的完整的二进制数系及其运算规则即可。数学史明确记载说：莱布尼茨早在1679年就已经完成了这一工作。二十多年后的1701年，他才通过到中国来的传教士，看到了《周易本义》中的所谓伏羲六十四卦图。因此，不是莱布尼茨看了《周易本义》后才发明二进制的，而是他试图用二进制来解释所谓伏羲六十四卦图。

二进制与伏羲六十四卦图

莱布尼茨在1701年通过从中国回去的传教士看到了《周易本义》中的所谓伏羲六十四卦图，他认为所谓伏羲六十四卦图可以用二进制来解释。他赞叹道："这恰是二进制算术”，并说：“在伏羲的许多世纪以后，文王和他的儿子周公，以及文王和周公五个世纪以后的著名的孔子，都曾在这六十四个图形中寻找过哲学的秘密。”他惊呼几千年不能很好被理解的奥秘被他理解了。

还必须指出，二进制的产生与计算机的产生并没有必然的联系。1794 年，莱布尼茨设计并制造了人类有史以来的第一台能进行四则运算的机械计算机。尽管莱布尼茨早在 15 年前就建立了完整的二进制数系及其运算规则，但他的机械计算机仍然用的是十进制。另外，如果把不同数位上的不同数字视为不同状态，那么表示某一范围的数时，不同进位制所需的状态数各不相同，从而有优劣之分，其中二进制并不是最优的，三进制才是最优的。从计数和运算的角度看，各种进制并无区别。那么，现代计算机为什么采用二进制呢？原因主要有以下几点：

(1)技术实现简单。二进制只有 0 和 1 两个基本符号，任何两种对立的物理状态都可以归结为二进制表示。例如：开关的“闭合”与“断开”；电位的“高”和“低”；晶体管的“导通”与“截止”；电容的“满电荷”与“空电荷”；等等。如此，一切有两种对立稳定状态的器件都可以表示成二进制的“0”和“1”。

(2)运算规则简单。二进制的算术运算特别简单，加法和乘法各仅有 3 条运算规则(加法：0＋0＝0、0＋1＝1、1＋1＝10；乘法：0×0＝0、0×1＝0、1×1＝1)。二进制减法和除法则可以通过一定的变换转换为加法和乘法运算。

(3)易于与十进制之间的数值转换。从符号体系的角度来讲，二进制是二值符号体系，十进制需要 10 个符号，4 个具有两种状态的二值符号就可以组合出 10 个符号。所以，虽然人类不习惯二进制计数，但将二进制转换为十进制是很容易实现的。

(4)适合逻辑运算。逻辑运算的对象是“真”和“假”，二进制数的“1”和“0”正好可与逻辑值“真”和“假”相对应，这就使计算机进行逻辑运算变得非常方便。

(5)抗干扰能力强，可靠性高。因为每位数据只有高低两个状态，当受到一定程度的干扰时，仍能分辨出它是高还是低。

以上就是计算机为什么没有选择我们人类最习惯的十进制而选择了二进制的主要理由。今天，无论计算机的功能有多么强大、它能够处理的信息有多么丰富，若除去各种辅助的软件，计算机硬件唯一能够直接识别的信息只有一种，就是“0”和“1”。

2. 二进制的算数运算

和十进制一样，二进制的算术运算也包含加、减、乘、除四则运算。

1)加法运算

二进制的加法运算遵循“逢二进一”法则，具体如下：

0＋0＝0　　0＋1＝1　　1＋0＝1　　1＋1＝0(有进位 1)

二进制的加法运算法则也可以这样表述：如果两个相加的数字不同，其和数为 1；如果两个相加的数字相同，其和数为 0。并且进一步有：若两相加数字都为 0，则进位数为 0；若两相加数字都为 1，则进位数为 1。

这样描述二进制加法运算，就有了“逻辑”的意味了。事实上，计算机的加法运算就是受严格而具有逻辑特性的规则控制的。这一点，随着后续课程的学习，读者将会逐渐理解。

【例 2-8】 计算 10110110B＋01101100B。

解：

```
进　位　　1 11111000
被加数　　  10110110
加　数＋）  01101100
──────────────────
          1 00100010
```

即：10110110B＋01101100B＝100100010B

2)减法运算

二进制数减法法则为：

0－0＝0　　1－0＝1　　1－1＝0　　0－1＝1（有借位）

该法则同样可以这样描述：若两个相减的数字相同，其差值为0；如果两个相减的数字不同，其差值为1。并且进一步：若被减数是0，则借位数为1；若被减数是1，则借位数为0。

在计算机中，减法的运算常常是转换为加法的运算。这一点，将在2.3.3节中介绍。

【例2-9】 计算11000100B－00100101B＝?。

解：

```
借　位　　01111110
被减数　　11000100
减　数＋）00100101
──────────────────
          10011111
```

即：11000100B－00100101B＝10011111B

3)乘法运算

二进制数乘法与十进制数乘法类似，不同的是因二进制数只由0和1构成，因此其乘法更加简单。法则如下：

0×0＝0　　0×1＝0　　1×0＝0　　1×1＝1

即：仅当两个1相乘时结果为1，否则结果为0。运算时若乘数位为1，就将被乘数照抄加于中间结果，若乘数位为0，则加0于中间结果，只是在相加时要将每次中间结果的最后一位与相应的乘数位对齐。

【例2-10】 求两个二进制数1100B与1001B的乘积。

解：

```
      1100      被乘数
  ×   1001      乘　数
  ──────────
      1100      部分积
     0000
    0000
   1100
  ──────────
   1101100      乘　积
```

运算结果：1100B×1001B＝1101100B

从上述运算可以看出，从乘数的最低位算起，凡遇到1，相当于在最终结果上加上一个被乘数，遇到0则不加；若乘数最低位是1，被乘数直接加在结果的最右边；若次低位是1，应左移一位后再相加；若再次低位是1，应左移两位后再相加；依此类推。最后将移位和未移位的被乘数加在一起，就得到两数的乘积。这种将乘法运算转换为加法和移位运算的方法就是计算机中乘法运算的原理。

以上描述都没有考虑数的符号，也就是说都是指正数的乘法。当乘数与被乘数都有正或负时，则相乘的结果就要考虑符号性质了。有关符号数的概念将在 2.5.3 节中介绍。

4)除法运算

二进制的除法是乘法的逆运算，其方法和十进制一样。由于除数不能为 0，所以二进制除法运算的规则是：

0÷0=0　0÷1=0　1÷1=1

【例 2-11】 求两个二进制数 100111B 与 110B 的商。

解：

```
          110.1
       ________
  110 ) 100111
         110
       ________
         0111
          110
       ________
          00110
            110
       ________
              0
```

与十进制除法运算类似，二进制的除法也是采用试商的方法求商数，分析上例的过程，可得出二进制的除法运算可转换为减法和右移运算。

思考

计算 00001100B×100B。观察一下相对被乘数，乘积有什么特点？

3. 二进制的逻辑运算

在计算机中，除了能表示正负、大小的“数量数”及相应的加、减、乘、除等基本算术运算外，还能表示事物逻辑判断，即“真”“假”“是”“非”等“逻辑数”的运算。能表示这种数的变量称为逻辑变量。在逻辑运算中，都是用“1”或“0”来表示“真”或“假”，由此可见，逻辑运算是以二进制为基础的。

计算机的逻辑运算区别于算术运算的主要特点是：逻辑运算是按位进行的，位与位之间不像加减运算那样有进位或借位的关系。

逻辑运算主要包括：逻辑乘法(又称“与”运算)、逻辑加法(又称“或”运算)和逻辑“非”运算。

1)逻辑“与”运算(乘法运算)

只有当所有的输入条件都成立的时候结果才成立，否则，结果不成立，这种因果关系称为逻辑“与”。也可以这样理解：当条件 X 和 Y 都为真时，X“与”Y 的结果也为真，其他情况，结果为假。表达和推演逻辑“与”关系的运算称为“与”运算，“与”运算的符号表示有 AND、∧、∩ 等。

“与”运算规则如下：

$0\wedge0=0$　$0\wedge1=0$　$1\wedge0=0$　$1\wedge1=1$

【例 2-12】 设 X=11100101B、Y=10010110B，求 $X \wedge Y$ 的值。

解：

$$\begin{array}{r} 11100101 \\ \wedge\ 10010110 \\ \hline 10000100 \end{array}$$

运算结果： 11100101B∧10010110B=10000100B

2)逻辑“或”运算(加法运算)

只有当所有的输入条件都不成立的时候结果才不成立，否则，结果成立。这种因果关系称为逻辑“或”。也可以这样理解：当条件 X 和 Y 都为假时，X“或”Y 的结果也为假，其他情况，结果为真。用来表达和推演逻辑“或”关系的运算称为“或”运算，“或”运算的符号表示有 OR、∨、∪等。

“或”运算规则如下：

0∨0=0　0∨1=1　1∨0=1　1∨1=1

【例 2-13】 设 X=11100101B、Y=10010110B，求 $X \vee Y$ 的值。

解：

$$\begin{array}{r} 11100101 \\ \vee\ 10010110 \\ \hline 11110111 \end{array}$$

运算结果： 11100101B∨10010110B=11110111B

3)逻辑“非”运算(逻辑否定、逻辑求反)

只有一个条件时，当条件成立，结果就不成立；当这个条件不成立时，结果成立。这种因果关系称为逻辑“非”。也可以这样理解：当条件 X 为假时，“非”X 的结果为真，X 为真时，“非”X 的结果为假。逻辑“非”是对一个条件值进行否定，即“求反”运算。表示逻辑“非”常在逻辑变量的上面加一横线，如对 A 取“非”运算可以写为 $\overline{A}$。对一个多位二进制数进行“非”运算，就是对这个二进制数的每一位按位取反。

“非”运算规则如下：

$\overline{1}=0$　$\overline{0}=1$

【例 2-14】 设 X=11100101B，求 $\overline{X}$ 的值。

解：

$$\overline{11100101}=00011010$$

运算结果：$\overline{X}$=00011010B

2.5.3 数值在计算机中的表示

从数的性质的角度，计算机中的数总体分为两大类：无符号数和有符号数。

1. 无符号数

所谓无符号数，即没有符号位(也可以简单理解为都是正数)。这种情况下，数中的每一位 0 或 1 都是有效的或有意义的数据。如：10010110B 是一个二进制数，该数中的每一位都是有意义的，通过转换可以得出其对应的十进制数值为 150。无符号数通常用在计数和表示地址中使用。

2. 有符号数

有符号数的含义是：该数具有“正”或“负”的性质。与十进制数不同的是，计算机中的机器数需要用 0 表示“正”，用 1 表示“负”。此时，数据的最高位不是有意义的数据，而是符号位。以 8 位字长为例，D_7 位是符号位，$D_6 \sim D_0$ 为数值位；若字长为 16 位，则 D_{15} 为符号位，$D_{14} \sim D_0$ 为数值位。这样，有符号数中的有效数值就比相同字长的无符号数要小了，因为其最高位代表符号，而不再是有效的数据。我们把符号位数值化了的数称为机器数，例如：

00010101 是机器数，表示正数；

10010101 是机器数，表示负数。

把原来的数值（数据本身）称为机器数的真值（也可以理解为绝对值），如＋0010101 和－0010101。

机器数的一般格式为：符号位＋数值。

机器数的表示方法有原码、反码和补码 3 种。

1）原码

原码的表达形式是：符号位＋真值。

一个数 X 的原码可记为$[X]_{原}$。正数的原码就是十进制转成二进制得到的二进制值，而负数的原码是对应的正数转成二进制得到的二进制值，然后将最高位（符号位）置为 1 表示这是一个负数。在原码表示法中，不论数的正负，数值部分都是真值。

【例 2－15】 已知真值 $X=+42$、$Y=-42$，求$[X]_{原}$和$[Y]_{原}$。

解：因为$(+42)_{10}=+0101010B$、$(-42)_{10}=-0101010B$，根据原码表示法，有

$[X]_{原}=$　$\underline{0}$　$\underline{0101010}$　　　　$[Y]_{原}=$　$\underline{1}$　$\underline{0101010}$

　　　　↑　　↑　　　　　　　　　↑　　↑

　　符号位　数值部分　　　　　　符号位　数值部分

注意，根据原码的定义，我们可以发现一个有趣的现象。即：真值 0 的原码可表示为两种不同的形式：＋0 和－0。以 8 位字长数为例：

$[+0]_{原}=00000000$

$[-0]_{原}=10000000$

作为数字基准的 0 在表达形式上不唯一，这是原码表示法的一大缺点。

原码的性质总结如下：

(1)在原码表示法中，机器数的最高位是符号位，0 表示正号，1 表示负号，其余部分是数的绝对值，即$[X]_{原}=$符号位$+|X|$；

(2)原码表示中的 0 有两种不同的表示形式，即＋0 和－0；

(3)原码表示法的优点是简单易于理解，与真值间的转换较为方便，它的缺点是除了 0 的表示不唯一之外，还存在无法完成减法运算的问题。

2）反码

人类为了解决原码的不足，又找到了一个看似能够解决这个问题的方法——反码，反码是原码基础上的变形。对正数来讲，反码的表示方法与原码相同，即最高位为“0”，其余是数值部分。但负数的反码表示与原码不同，其最高位依然是符号位，用“1”表示，但其余的数值部分不再是原来的真值，而是将真值的各位按位取反。真值 X 的反码记为$[X]_{反}$。可用下式表述：

若 $X \geqslant 0$　　$[X]_{\text{反}} = [X]_{\text{原}}$

若 $X < 0$　　$[X]_{\text{反}} = [X]$(原码的符号位不变,数值部分按位取反)

【例 2-16】 已知真值 $X=+42$、$Y=-42$,求 $[X]_{\text{反}}$ 和 $[Y]_{\text{反}}$。

解:$X=(+42)_{10}=+0101010\text{B}$、$Y=(-24)_{10}=-0101010\text{B}$,根据反码表示法,有

$[X]_{\text{反}}=00101010$　　对正数:$[X]_{\text{反}}=[X]_{\text{反}}$

$[Y]_{\text{反}}=11010101$　　对负数:$[Y]_{\text{反}}=[Y]_{\text{原}}$(原码的符号位不变,数值部分按位取反)

由该例可以看出,对一个用反码表示的负数,其数值部分不再是真值。

在反码表示法中,同原码一样,数 0 也有两种表示形式(以 8 位字长数为例):

$$[+0]_{\text{反}}=00000000$$

$$[-0]_{\text{反}}=11111111$$

反码的性质有:

(1)在反码表示法中,机器数的最高位是符号位,0 表示正号,1 表示负号;

(2)同原码一样,反码中数 0 的表示也不唯一;

(3)使用反码进行减法运算时,当计算结果溢出时需要额外进行+1 操作,使得运算多了一步,效率降低(又称循环进位问题)。

3)补码

在原码和反码表示法中,数值 0 的表示都不唯一,且运算器的设计比较复杂。因此目前在微处理器中已较少使用这两种表示方法。计算机中的符号数更多采用的是补码。

补码由反码演变而来,其定义为:对正数,补码与反码和原码的表示方法相同,即最高位为“0”,其余是数值部分。但负数的补码表示与原码和反码不同,其最高位的符号位不变,但其余的数值部分是反码的数值部分加 1,即将原码的真值按位取反再加 1。

真值 X 的补码记为 $[X]_{\text{补}}$。可用下式表述:

若 $X \geqslant 0$　　$[X]_{\text{补}}=[X]_{\text{反}}=[X]_{\text{原}}$

若 $X < 0$　　$[X]_{\text{补}}=[X]_{\text{反}}+1$

【例 2-17】 已知真值 $X=+42$、$Y=-42$,求 $[X]_{\text{补}}$ 和 $[Y]_{\text{补}}$。

解:因为 $X>0$,所以:

$[X]_{\text{补}}=[X]_{\text{反}}=[X]_{\text{原}}=00101010$

因为 $Y<0$,所以:

$[Y]_{\text{补}}=[Y]_{\text{反}}+1=11010101+1=11010110$

不同于原码和反码,数 0 的补码表示是唯一的。仍以 8 位字长数为例,由补码的定义知:

$$[+0]_{\text{补}}=[+0]_{\text{反}}=[+0]_{\text{原}}=00000000$$

$$[-0]_{\text{补}}=[-0]_{\text{反}}+1=11111111+1=\boxed{1}\ 00000000$$

即对 8 位字长来讲,最高位的进位因超出字长范围,会自然丢失,所以:

$$[+0]_{\text{补}}=[-0]_{\text{补}}=00000000$$

引入补码的主要目的是将减法运算转换为加法运算。我们以日常生活中常见的钟表为例来说明这一点。

假设要从 9 点拨到 4 点,可以有两种拨法:

逆时针拨到 4 点　$9-5=4$

顺时针拨到 4 点　$9+7=4$

两个方向都能拨到 4 点，是因为在时钟系统中有 12 这个最大数，它称为该系统的模。在模为 12 的钟表系统中，9－5＝9＋7。这里，7 称为－5 的补数。所以，－5 的补数可用下式得到：

$(-5)_{补}=12-5=7$

即：

$9-5=9+(-5)=9+(12-5)=9+7=12+4=4$

↓

模，自然丢失

由此例就可以看出，在以模为 M 的系统中，减法运算可以转换为加法运算。若某计算机的字长为 n，则该计算机二进制系统的模为 2^n。基于上述推理，在模为 2^n 的系统中，减法运算就可以通过补码的方式转换为加法运算。

【例 2－18】　设字长 $n=8$，用补码的概念计算 96－20。

解：因为 $n=8$，故模为 $2^8=256$。

则有：$96-20=96+(-20)=96+(256-20)=96+236=256+76=76$

↓

模

即：在模为 2^n 的情况下，96－20＝96＋236。

－20 的二进制表示为 11101100，该数正好是十进制的 236。这样，我们就利用了负数的补码概念，将减法运算转换成了加法运算。

利用补码实现加减运算的规则如下：

(1)补码的加法规则：$[X+Y]_{补}=[X]_{补}+[Y]_{补}$

(2)补码的减法规则：$[X-Y]_{补}=[X]_{补}-[Y]_{补}=[X]_{补}+[-Y]_{补}$

【例 2－19】　已知真值 $X=+0110100B$、$Y=-1110100B$，求 $[X]_{补}+[Y]_{补}$。

解：这里 $X>0$，所以：

$[X]_{补}=00110100B$

$Y<0$，所以：

$[Y]_{补}=[Y]_{反}+1=10001011B+1=10001100B$

由补码的加法运算规则知：$[X+Y]_{补}=[X]_{补}+[Y]_{补}=00110100B+10001100B=11000000B$。

【例 2－20】　设 $X=+51$、$Y=+66$，求 $[X-Y]_{补}$。

解：由补码的减法运算规则：$[X-Y]_{补}=[X]_{补}+[-Y]_{补}$，有

$X=(+51)_{10}=(+0110011)_2$，　　$[X]_{补}=00110011B$

$-Y=(-66)_{10}=(-1000010)_2$，　$[-Y]_{补}=10111110B$

求 $[X]_{补}+[-Y]_{补}$：

$$\begin{array}{r} 00110011 \\ +\ 10111110 \\ \hline 11110001 \end{array}$$

所以：$[X-Y]_{补}=11110001B$。

由补码运算规则知，两补码相加的结果为和的补码。以上两例的运算结果的符号位为 1，

表示结果为负数。按照补码的定义,负数的补码=其原码按位取反+1,而原码的定义是:符号位+数值。所以,当补码数的最高位为1时,表示该数是负数,即此时符号位后的数值“不是真的数值”,需要将其“还原”。获得一个负数补码的真值的方法是:符号位不变,数值部分按位取反加1。即:

若: $[X]_{补}<0$

则: $X=[[X]_{补}]_{补}$

例2-20的运算结果$[X-Y]_{补}=11110001B$,因为最高位是1,表示结果为负数。因此有:

$X-Y=[[X-Y]_{补}]_{补}=[11110001B]_{补}=-0001111B=-15$

计算机中引入补码的主要目的就是将减法运算转换为加法运算。

2.6 计算机设计中的重要思想

本节我们将通过探讨计算机设计中的几个重要思想来领略计算机设计之精妙。

2.6.1 计算机科学的三大定律

定律是客观规律的统称,它是反映事物在一定条件下发展变化的客观规律的论断。各个学科都有相应的定律,例如在物理学科中的牛顿三大定律。那么在计算机科学中,都有哪些常用的定律呢?下面将介绍计算机科学中的三大定律。

1. 摩尔定律

摩尔定律中的摩尔指的是英特尔(Intel)创始人之一戈登·摩尔(Gordon Moore)。1965年,戈登·摩尔为一个关于计算机存储器发展趋势的报告整理资料。在他开始绘制数据时,发现每个新芯片大体上包含其前任两倍的容量,每个芯片的产生都是在前一个芯片产生后的18～24个月内。如果这个趋势继续的话,计算能力相对于时间周期将呈指数式的上升。摩尔发现的这一趋势,就是现在所谓的摩尔定律。

摩尔定律被称为计算机第一定律,其指出计算机的运行速度和计算能力每隔几年就会提高,获得相同机能的花费也会减少。由于摩尔定律的影响,再加上计算机设计需要一段时间,所以在项目完成时候,单芯片集成度相对于设计开始时候,很容易实现运行速度和计算能力翻一番甚至翻两番,因此计算机设计者必须预测其设计完成时候的工艺水平。

从过去的50年来看,计算机的运行速度确实如摩尔定律所预测的那样每18个月就会翻一番。然而由于技术上的障碍,摩尔定律所预言的情形即将结束。赫伯·萨特作于2005年的一篇流传甚广的文章中写道:摩尔定律的预测呈现指数增长,很明显,在突破物理硬件的限制之前,指数增长无法永远持续下去。

2. 反摩尔定律

反摩尔定律是谷歌(Google)的前CEO埃里克·施密特提出的,意思是如果你反过来看摩尔定律,一个IT公司如果在今天和18个月前分别卖掉同样多的同样的产品,它的营业额就要降一半。IT界把它称为反摩尔定律。

为什么会出现这种现象?根据统计,突破现有技术需要耗费大量的人力物力,因此那些只生产硬件的厂商越来越辛苦。许多IT厂商开始实施自己的“软化”计划,即在硬件平台的基础上拓展软件和服务产品线，来提高自己的盈利水平，惠普便是其中之一。

可以说反摩尔定律促成科技领域质的进步，并为新兴公司提供生存和发展的可能。另外，反摩尔定律可以使新兴的小公司有可能在发展新技术方面和大公司处在同一个起跑线上，甚至可能取代原有大公司在各自领域中的地位。因为和所有事物的发展规律一样，IT 领域的技术进步也有量变和质变两种。要赶上摩尔定律预测的发展速度，只靠量变是远远不够的，因为每一种技术，用不了多长时间，量变的潜力就会被挖掘完，这时就必须要有新的创造发明产生。这是反摩尔定律的积极影响。

当然，反摩尔定律也会带来消极影响，因为一家 IT 公司付出了同样的劳动，却只得到以前一半的收入。反摩尔定律逼着所有的硬件设备公司必须赶上摩尔定律所规定的步伐，否则就会被淘汰。

3. 安迪-比尔定律

安迪指的是英特尔的创始人之一安迪·葛洛夫（Andy Grove），比尔指的是微软（Microsoft）的创始人之一比尔·盖茨（Bill Gates）。安迪-比尔定律（Andy and Bill's law）是对 IT 产业中软件和硬件升级换代关系的一个概括。原话是"Andy gives，Bill takes away."（安迪提供什么，比尔拿走什么）。它的意思就是说，英特尔不断地提高 CPU 的计算能力，而微软就用新的操作系统来吃掉它。大而化之，就是硬件性能的提高总会迅速被新的软件消耗掉。

安迪-比尔定律之所以成立，主要是因为微软与英特尔之间利益上的暗合，并因此形成了所谓的"Wintel 联盟"。微软为了维护它在操作系统市场的垄断地位，不断在操作系统软件中增添新功能，造成系统软件越来越臃肿。操作系统的不断升级，反过来提高了对硬件平台的需求。

那么，安迪-比尔定律是否违背摩尔定律、反摩尔定律呢？

答案是不违背。正是安迪-比尔定律保证了摩尔定律和反摩尔定律的正确性：一方面，软件和硬件的 Wintel 组合保证了摩尔定律的正确性；另一方面，不断升级的软硬件及 IT 之间充分的竞争性，使得旧产品的价钱迅速下降，新的软件硬件具备旧产品不可比拟的易用性和可靠性，使用旧产品会使客户享受不到最优的服务，同样保证了反摩尔定律的正确性。

2.6.2 计算机科学中抽象的重要性

抽象是计算机科学中最为重要的概念之一，使用抽象技术来表示不同的设计层次，在高层次中看不到低层次的细节，只能看到一个简化的模型。例如，程序员为一组函数规定一个简单的应用程序接口（API），这样后续使用这个接口的程序员便无须了解其内部的实现细节便可以使用。

All problems in computer science can be solved by another level of indirection.

——David Wheeler

上面这句话是伟大的计算机科学家戴维·惠勒（David Wheeler）的名言，意思是说计算机科学中遇到的所有问题都可通过增加一层抽象来解决。纵观计算机发展历史，不论是硬件设计还是软件设计，都遵从这一规则。

计算机科学，本身就是一门抽象的科学。

(1)在计算机系统中，对于 CPU 来说，指令集架构提供了对实际处理器硬件的抽象。使用这个抽象，程序员只需要使用指令集中的这些指令就可以指挥 CPU 工作了，这样就无需从细节上知道 CPU 是如何取出指令、执行指令的。

(2)在操作系统中，文件是对 I/O 设备的抽象，虚拟内存是对程序存储器的抽象，而进程是对一个正在运行的程序的抽象，虚拟机是对整个计算机的抽象，包括操作系统、处理器、存储器和程序。

(3)在面向对象的软件开发中，抽象是面向对象的一个重要特征。抽象是从众多的事物中抽取出共同的、本质性的特征，而舍弃其非本质的特征。所谓共同的特征，是相对的，是指从某一个角度看是共同的。比如，对于电视和苹果，一个是电器一个是水果，感觉它们是不同的，但是从买卖的角度来看它们都是商品，都有价格，这就是他们的共同的特征。所以在抽象时，同与不同，决定于从什么角度上来抽象。抽象的角度取决于分析问题的目的。

(4)在软件开发过程中，软件的需求分析、设计系统的架构、定义系统中构件之间的接口关系、实现功能、测试和维护等都是抽象的过程。从有系统需求到软件交付不是一步而就的，是需要建立分层的，当诸多的分层都处理完成，最终的软件也就形成了。这里分层就是抽象，例如经典的三层模型(MVC 模型，展现层、业务逻辑层、数据层)。每一层只需关注本层的相关信息，通过接口完成层与层的信息传送，从而简化整个系统的设计。

说了这么多，你可能对抽象这个概念还是不太清楚。那再举几个生活上的例子。我们在 Word 中编辑文档时不会去考虑 CPU 是如何处理这些字符的，这些字符是如何被保存到磁盘的，我们只是在 Word 中简单地输入字符，编辑保存即可。在浏览网页时我们不需要关心网页中的数据是如何在网络中传输的，浏览器是怎样把这些数据适当地渲染出来的，我们只需用鼠标点击或滑动网页即可。这其实就是抽象在发挥作用，只是我们没有意识到而已。

2.6.3 存储设备的层次结构

存储设备是计算机的核心部件之一，前面在 2.3.2 节中讲了存储器可分为主存储器(内存)和辅助存储器(外存)两大类，不同的存储器的访问速度不同，存储容量也不相同。我们希望存储器的容量大、速度快、价格低，但是仅用单一的一种存储器是很难达到这一目标的。较好的方法是采用存储层次，用多种存储器构成存储器的层次结构。对于通用计算机而言，其层次一般有四级：最高层为 CPU 寄存器，中间两层为高速缓存和主存，最底层是辅存。在较高档的计算机中，还可以根据具体的功能细分为寄存器、高速缓存、主存储器、磁盘缓存、固定磁盘、可移动存储介质等 6 层。如图 2－10 所示。

(1)寄存器是与 CPU 协调工作、用于加速存储器的访问速度的，如用寄存器存放操作数，或用地址寄存器加快地址转换速度等。

(2)高速缓存的引入是因为 CPU 和主存之间在性能上的差距越来越大，在它们之间加入速度快、但容量较小的高速缓存可以减小这种速度差。高速缓存是根据程序执行的局部性原理将主存中一些经常访问的信息存放在高速缓存中，以减少访问主存储器的次数，可大幅度提高程序执行速度。

(3)主存储器，保存进程运行时的程序和数据。CPU 与外围设备交换的信息一般也依托于主存储器地址空间。为缓和主存储器的访问速度远低于 CPU 执行指令的速度，在计算机系统中引入了寄存器和高速缓存。

(4)磁盘缓存是将频繁使用的一部分磁盘数据和信息暂时存放在磁盘缓存中，可减少访问

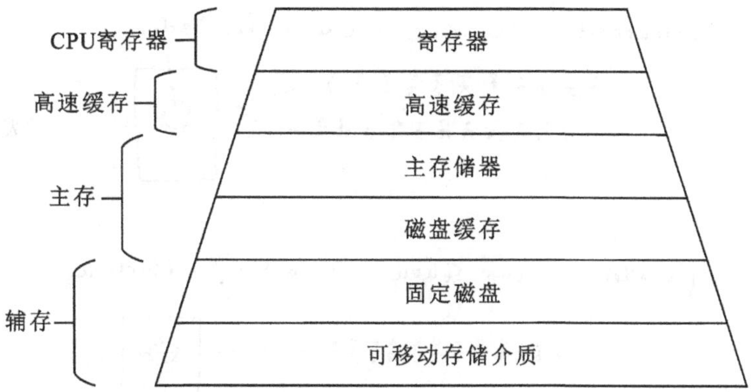

图 2 - 10　存储设备的层次结构图

磁盘的次数。它依托于固定磁盘，提供对主存储器存储空间的扩充，即利用主存中的存储空间，来暂存从磁盘中读/写入的信息。这种存储器空间的扩充技术称为虚拟存储技术。

在存储设备层次结构中，寄存器和主存储器又被称为可执行存储器。对于存放于其中的信息，与存放于辅存中的信息相比较，计算机所采用的访问机制是不同的，所耗费的时间也是不同的。CPU 和寄存器、高速缓存、主存储器可以直接进行交互，也就是说 CPU 对它们的访问频率高，访问所消耗的时间也就比较少。而对辅存的访问则需要通过 I/O 设备实现，访问频率相对就低，但访问所耗费的时间远远高于访问寄存器和主存的时间。

2.6.4　并行与并发

随着计算机处理能力的提升，计算机完成多个任务的效率也越来越高。比如，我们可以在计算机上一边编辑文档，一边听着计算机上的音乐，那么如何让计算机能同时进行文档处理和音乐播放的任务呢？这就涉及并发和并行的概念。

并发：是指一个时间段中有几个程序都处于已启动运行到运行完毕之间，且这几个程序都是在同一个处理机上运行的。要注意的是并发不是真正意义上的“同时进行”，只是 CPU 把一个时间段划分成几个时间片段，然后在这几个时间区间之间来回切换，由于 CPU 处理的速度非常快，只要时间间隔处理得当，即可让用户感觉是多个应用程序同时在进行。就如刚才讲的一边编辑文档一边在听音乐，我们并没有感觉到播放音乐或者编辑文档时的卡顿，而是觉得它们是“同时进行”的。

并行：当系统有一个以上 CPU，其中一个 CPU 执行一个进程时，另一个 CPU 可以执行另一个进程，两个进程互不抢占 CPU 资源，可以同时进行，这种方式我们称之为并行。随着计算机硬件技术的发展，实现并行其实并不需要多个 CPU 才能完成，而是一个 CPU 有多个核也可以完成并行。

Erlang(一种通用的面向并发的编程语言)之父乔·阿姆斯特朗(Joe Armstrong)用图 2 - 11 给小孩讲解并发与并行的区别。

这幅图通过使用咖啡机来形象地解释并发和并行，并发是两个队列交替使用一台咖啡机，并行是两个队列同时使用两台咖啡机。所以，并发是在一段时间内宏观上多个程序同时运行，并行是在某一时刻，真正有多个程序在运行。并发和并行都可以处理“多任务”，二者的主要区

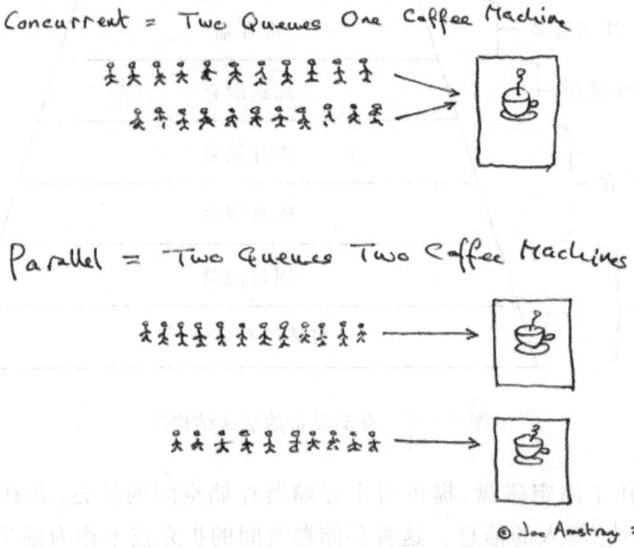

并发

并行

图 2-11 Joe Armstrong 解释并发与并行图

别在于是否是“同时进行”多个任务。

习题

一、选择题

1. 图灵机模型主要由(　)组成。

A. 无限长纸带,运算器,控制器,存储器

B. 无限长纸带,读写头,状态寄存器,运算器

C. 无限长纸带,读写头,状态寄存器,控制规则

D. 无限长纸带,存储器,状态寄存器,控制规则

2. 冯·诺依曼机以哪个部件为中心?(　)

A. 运算器　　B. 控制器

C. 存储器　　D. 输入设备和输出设备

3. 中央处理器由哪三部分组成?(　)

A. 控制器、运算器和内存　　B. 控制器、运算器和寄存器

C. 运算器、存储器和寄存器　　D. 控制器、存储器和寄存器

4. 在下列存储器中,访问周期最短的是(　)。

A. 硬磁盘　　B. 固态硬盘

C. 内存储器　　D. 移动存储器

5. 引入高速缓存是为了解决什么问题?(　)

A. 主机与外设之间速度不匹配问题　　B. CPU 与内存之间速度不匹配问题

C. 内存与外存之间速度不匹配问题　　D. CPU 与外存之间速度不匹配问题

6. RAM 代表的是(　)。

A. 只读存储器　　B. 高速缓存

C. 随机存储器　　D. 硬盘

7. 把 1011.11B 转换为十进制数是(　)D。

A. 11.7　　B. 11.75

C. 10.5　　D. 10.75

8. 请计算 1011B×110B=(　)B。

A. 100010　　B. 101100

C. 1000010　　D. 1011100

9. 当 $X=-52$、$Y=16$,$[X+Y]_{补}=$(　)。

A. 11001100　　B. 00010000

C. 10100100　　D. 11011100

10. 下列哪个选项不是正确的八进制数?(　)

A. 1011　　B. 245

C. 128　　D. 777

二、思考题

1. 请思考图灵机模型中的各个部件对应现代计算机的什么部件。
2. 冯·诺依曼机的核心设计思想是什么?
3. 尝试设计一个计算 $X-1$ 的图灵机模型(X 表示任意一个整数)。
4. 请简述计算机为什么要采用二进制。

第 3 章　计算机构建的虚拟世界

进入 21 世纪以来，我们在很多应用场景都能看到虚拟现实技术的影子，虚拟现实技术通过综合运用计算机图形学、人工智能技术、计算机网络技术、仿真技术、多媒体技术、并行处理技术和多传感器技术等多门技术，模拟人们的视觉、听觉、触觉等器官，不仅能够使人感受到客观的一切事物，还能使人体验到现实世界中无法体验到的事物，即计算机生成的虚拟世界中的事物。目前，虚拟现实技术被广泛应用于教育、军事、航天、医学、工业、商业、娱乐等领域。

本章首先从基本概念、发展历程和研究内容 3 个方面对计算机图形学进行简单的阐述，然后介绍虚拟现实的背景和含义，继而延伸出虚拟现实技术的“3I”特征，接着介绍虚拟现实的发展历史和应用领域，最后介绍常用于开发虚拟现实应用的引擎及其遇到的挑战。

3.1　计算机图形学概述

3.1.1　什么是计算机图形学

计算机图形学(computer graphics, CG)内容丰富，与许多学科有交叉，目前还没有一个严格的定义。在百度百科中，对计算机图形学有如下解释：计算机图形学是一种使用数学算法将二维或三维图形转化为计算机显示器的栅格形式的科学。简单地说，计算机图形学是研究如何在计算机中表示图形，以及利用计算机进行图形的计算、处理和显示的原理和算法。虽然计算机图形学通常被认为是对三维图形的处理，但实际上它也包括对二维图形和图像的处理。

狭义地理解，计算机图形学是数字图像处理或计算机视觉的逆过程。数字图像处理是一门将外界获取的图像用计算机进行处理的学科，而计算机视觉是一门基于获取的图像来理解和识别物体及其内部的三维信息的学科。

3.1.2　图形学的发展历程

当今酷炫的人机界面归功于计算机图形学的快速发展。例如，在电脑游戏中，利用各种图形模拟物体的形状等快速构建虚拟场景；在智能终端领域，智能手机可以对图像进行编辑等操作，为用户提供逼真的体验；在数据处理方面，技术人员使用图形模拟气象云图等数据，从而更直观地理解大规模数据所蕴含的科学现象和规律。同时，计算机图形学在机械制造、环境、艺术和教育等多个方面也得到了非常广泛的应用。

图形学的产生可以追溯到 20 世纪 50 年代，其发展经历了以下几个过程。

1.“被动式”图形学

进入 20 世纪 50 年代，当时的电子管计算机只能进行机器语言编程，主要用于科学计算，配备的图形设备作为电子管计算机的输出功能。该时期计算机图形学正处于准备和酝酿阶段，我们称之为“被动式”图形学。

第一个图形显示器诞生于 1950 年，为麻省理工学院旋风 1 号(如图 3－1 所示)计算机的附件，该图形显示器通过阴极射线管(CRT)来显示简单的图形。

图 3-1　旋风 1 号

图形学的首次亮相

1951 年 12 月，在美国电视节目“*See It Now*”(《现在请看》)上，旋风 1 号采用点描绘的方式显示了节目主持人的姓名，这是图形在计算机上的首次展示。

2. 交互式计算机图形学的诞生

到 20 世纪 50 年代末，麻省理工学院的林肯实验室开发出了第一台具有指挥和控制能力的 CRT 显示器，使用者可以用笔在屏幕上进行简单的操作。逐渐地，类似的技术也被应用于设计和生产过程，这标志着“交互式计算机图形学”的诞生。

3. 计算机图形学的独立地位

1962 年，在麻省理工学院林肯实验室的伊万 · E. 萨瑟兰(Ivan E. Sutherland)博士的论文“Sketchpad：A Man Machine Graphical Communication System”(《一个人机交互通信的图形系统》)中，证明了交互式计算机图形学是一个可行并且有用的研究领域，进而确认了计算机图形学作为一个全新的科学分支的独立地位。这也是“计算机图形学”首次出现在学术研究领域中。

4. 计算机图形学的标准化问题

到了 20 世纪 70 年代，计算机图形学进入第一个发展繁荣期。区域填充、剪裁和消隐等基本图形概念及其相应的算法相继诞生，实用的计算机辅助设计(CAD)图形系统也开始出现。1974 年，为了通用的、与设备无关的图形软件的发展，美国国家标准化协会(ANSI)在 ACM SIGGRAPH 工作会议上提出了制定标准的基本规则，此后，ACM 成立了图形标准化委员会，开始制定相关标准。这些标准的制定对计算机图形学后期的普及、应用和资源共享起到了至关重要的作用。

5. 计算机图形学走向成熟

1980 年，在贝尔实验室工作的一位名叫特纳 · 惠特尔德(Turner Whitted)的工程师提出了光学透视模型——Whitted 模型，并首次给出了光线跟踪算法的实例。1984 年，康奈尔大学和广岛大学有学者将热辐射工程中的辐射度算法引入计算机图形学，用辐射度算法成功地模拟了理想漫射面之间的多重漫射效应。光线跟踪算法和辐射度算法的引入，表明现实图形的显示算法已经逐渐成熟。

到了 80 年代中期，随着超大规模集成电路的快速发展，图形处理的速度也在不断加快，计算机图形学的各方面研究都得到了充分的发展。计算机图形学已被广泛应用于动画、科学计算可视化、CAD/CAM、影视娱乐等领域。

3.1.3 计算机图形学的主要研究内容

在计算机图形学学科刚建立时，其主要研究如何应用相关原理和算法并利用计算机生成、处理和显示图形，以及如何在计算机中表示三维几何图形，形成逼真且悦目的图像。随着计算机图形学 40 多年的发展，学科的研究已经非常广泛，如交互技术、光栅图形生成算法、曲线曲面建模、实体建模、图形硬件、图形标准和显示算法，以及科学计算可视化、自然景物模拟、虚拟现实等。

计算机图形学主要包含 4 大部分的内容：建模、渲染、动画和人机交互。事实上，与计算机图形学相关的学科还有很多，其内容涉及可视化、医学图像处理、计算机艺术和虚拟现实等多个方向。

1. 建模

要在计算机中表示一个三维物体，就必须有其几何模型的表示。因此，三维建模是计算机图形学的基础，是研究其他内容的前提。要表示一个几何物体，可以用数学上的样条函数或隐函数来表示，也可以用平滑表面上的采样点及其连接关系（即连续表面的片状线性逼近）的三角网格来表示，如图 3-2 所示。

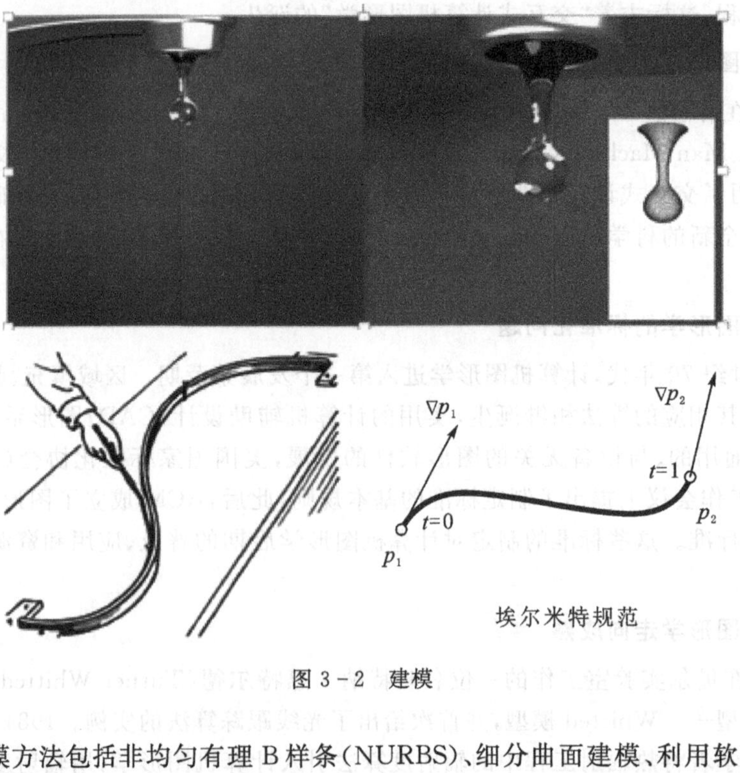

图 3-2 建模

常用的建模方法包括非均匀有理 B 样条（NURBS）、细分曲面建模、利用软件直接手工建模、基于图像或视频的建模、基于扫描点云的建模等。虽然有这么多的三维建模方法，但对于普通的家庭用户来说，仍然没有一个简单的建模工具可以帮助人们轻松获得图像和视频，且并不是每个人都有能力构建三维几何模型。如何让公众像获得图像一样随时随地获得或构建三维模型，仍然是计算机图形学的主要任务之一。

现在，计算机图形学还没有进入“大数据”时代。只有当公众可以轻松进行三维建模并上传和分享他们构建的数据时，计算机图形学才能进入“大数据”时代。

2. 渲染

有了三维模型或场景，如何绘制这些三维几何模型，产生赏心悦目的真实图像？这是传统计算机图形学的核心任务。在计算机辅助设计、影视动画和各种可视化应用中，需要图形渲染结果的高真实性。

20 世纪 80—90 年代对此有了更多的研究，包括大量的渲染模型、局部照明模型、光线追踪、辐射度等。还有更复杂、更逼真、更快速的渲染技术，如全局照明模型、照片映射、双向纹理函数(BTF)、双向反射分布函数(BRDF)和基于图形处理器(GPU)的渲染技术。

如今的渲染技术可以对很多物体，包括皮肤、树木、花、水、烟雾、头发、场景等进行非常逼真的渲染(如图 3-3 所示)。然而，已知的渲染实现方法仍然无法实现复杂的视觉效果，与实时性高的逼真渲染还有很大差距。充分利用 GPU 的计算特性，结合分布式集群技术，构建低功耗的渲染服务是发展趋势之一。

图 3-3　渲染

3. 动画

计算机动画是计算机图形学研究的热点之一，它借助于动画软件生成一系列场景，通过连续播放静态图片的方法来生成物体运动的效果，如图 3-4 所示。其研究内容有：人体动画、关节动画、运动动画、脚本动画、具有人类意识的虚拟人物动画系统等。另外，一些物理现象的高度真实动态模拟也是动画领域的主要研究问题，如变形、水、气、云、烟、燃烧、爆炸、撕裂、老化等。这些技术可以大大提高虚拟现实系统的沉浸感。

目前，计算机动画被广泛应用于动画制作、广告、电影特效、培训模拟、物理模拟、游戏等诸多领域。

图 3-4　动画

4. 人机交互

人机交互(human computer interaction,HCI)通过一定的交互手段(对话语言)告知计算机人想完成的任务,达到人机信息交流的过程。

20 世纪 60～70 年代,只能够通过键盘输入的字符界面进行人机交互。到了 80 年代,基于 WIMP(窗口(windows)、图标(icons)、菜单(menus)、鼠标(pointers))的图形用户界面(GUI)逐渐发展为主流的计算机用户界面。

事实上,人体表面本身就是人机界面。人体的任何动作(姿势、手势、言语、眼神等)都可以成为人机对话的通道。近几年,学术界提出了多通道用户界面的思想,包括语言、手势输入、头部跟踪、视觉跟踪、立体显示、三维交互技术、感官反馈和自然语言界面。主要目的是提高人机交互的效率、增强人机交互的体验感。例如,微软在 2010 年发布的 Kinect(如图 3-5 所示)是一个采用了运动感应的人机界面体感周边外设,没有任何操纵杆,用户本身就是控制器。Kinect 在微软的 Xbox 游戏中取得了巨大成功,后来又被应用到其他许多领域。

图 3-5　人机交互

5. 计算机艺术

计算机图形学 40 多年的快速发展,给艺术家们的想象和发挥实现提供了落地的技术手段。在代表计算机图形学研究最高水平的 ACM SIGGRAPH 会议上,精彩的计算机艺术相关作品层出不穷,也表明计算机艺术的发展速度远远超出了人们的想象。

SIGGRAPH

ACM SIGGRAPH 是"ACM special interest group on graphics and interactive techniques"(美国计算机协会计算机图形专业组)的缩写，该组织成立于 1967 年，致力于推广和发展计算机绘图和动画制作的软硬件技术。从 1974 年开始，ACM SIGGRAPH 每年都会举办一次年会(也称为 SIGGRAPH)，至今年已经举办了近 50 次。SIGGRAPH 是计算机图形学顶级年度会议，代表着世界级水平的研究，能在 SIGGRAPH 上发表论文是许多从事计算机图形学研究的工作者的梦想。

6. 医学数字成像和通信

和一般的图像处理不同的是，医学数字成像和通信(digital imaging and communications in medicine，DICOM)由生物医学成像(X 射线、CT、核磁共振、超声等)和生物医学图像处理组成，二者有不同的侧重点和特殊性，在生命科学研究、医学诊断、临床治疗等方面发挥着重要作用。医学数字成像和通信被广泛应用于放射医疗、心血管成像及放射诊疗诊断设备，并且在眼科和牙科等其他医学领域也得到了广泛的应用。

7. 虚拟现实

虚拟现实(virtual reality，VR)技术主要是指利用计算机模拟一个三维图形空间，即利用计算机图形发生器、位置追踪器、多功能传感器和控制器来有效地模拟真实的场景和情况，可以使观察者有一种身临其境的逼真感觉，并使用户能够与空间自然地互动。VR 技术是仿真技术与计算机图形学、人机接口技术、多媒体技术、传感技术、网络技术等多种技术的集合。这项技术对三维图形处理能力的要求很高，本书 3.2 节对此有详细说明。

3.2　VR 的前世今生

本节从 VR 的背景和含义、发展历史、特征、原理、应用领域及开发引擎等几个方面对 VR 技术进行较为详细的阐述。

计算机图形学所研究的内容是实现 VR 的最重要的技术保障。为了使人们在计算机创造的虚拟世界中有一种身临其境的视觉感受，VR 对传统的计算机图形学中的技术提出了以下挑战。

(1)高质量、实时的图像生成：VR 要求渲染系统根据用户视点和视线的变化及时生成相应的视图(一般刷新率要超过 15 Hz)。

(2)高分辨率显示：呈现具有宽广视角的立体显示，这是产生"沉浸感"的前提条件。

(3)自然互动：系统应确保用户在虚拟环境中的操作简单易学，反应有效。

3.2.1　VR 的背景和含义

2014 年，著名的社交网络公司 Facebook 以 20 亿美元的价格收购了 VR 头盔制造商 Oculus，在 VR 行业内引起了强烈的反响，直接推动了 VR 技术从工业应用走向消费市场，加速了 VR 概念的落地。随后，百度、阿里、腾讯等国内公司纷纷进入 VR 行业，提前渗透到 VR 资本层面。

2016 年，百度推出百度 VR 网，新浪推出 VR 频道，36 氪、创业家等主流媒体也纷纷开设

VR专栏。关于VR的新闻报道和信息如雨后春笋般涌现，大众感叹VR的春天已经到来，并将这一年称为“VR元年”。

2016年，VR市场异常沸腾，互联网巨头群雄逐鹿，专注于VR的创业公司迅速崛起。北京虚实空间等专注于HTC VIVE设备VR内容的研发，研发了具有历史特色题材的《关于兵马俑》的VR影片；济南超感科技等专注于VR交互技术的研发，研发了数据手套Miiglove和惯性动捕系统Spring-VR；福建网龙、贝沃等专注于VR教育的研发，研发了101VR编辑器。VR市场蓬勃发展。

VR专业领域一般分为VR硬件设备和VR内容。

VR硬件设备是VR内容的载体。市场上的高端VR设备包括：HTC VIVE的VIVE Focus（VR一体机）、Facebook的Oculus Rift、三星的GearVR、Pico的PicoVR、Zeiss的VR One Plus、索尼PlayStation的PSVR等，如图3-6所示。这些设备属于高端VR设备，价格在2000～6000元范围内。高端VR设备的研发需要消耗大量的资金，目前主要由大公司开发。

GearVR　　VIVE Focus　　Pico VR

图3-6　VR一体机

硬件领域的小公司或创业公司主要从事廉价VR设备的开发，这些设备相对简单，用手机就可以显示VR内容。市场上相对廉价的VR设备包括Google Cardboard、百度VR眼镜和小米VR眼镜，这些设备相对便宜，价格在1000元以内。

VR内容以VR硬件为载体，主要体现为VR应用、VR图像和VR视频。VR应用是指使用计算机编程技术生成的能够在VR硬件设备上运行的应用软件，如谷歌公司推出的绘图软件Tilt Brush、Valve公司开发的VR游戏*The Lab*；VR图像是指通过VR相机录入的图像或者使用VR软件渲染出的图像，如由微想科技独立开发运营的720云VR全景制作平台提供了大量由VR相机（如Insta360、Ricoh THETA）录入的全景图像；VR视频是指使用视频生成软件生成的VR动画或者是使用VR录像机录入的视频，如VR资源网论坛提供了大量由3DMax、Maya等软件生成的VR视频和由VR录像机录制的VR视频，MolanisVR推出了360度视频编辑工具Flexible 360 Video Editing。

3.2.2　VR的发展历史

VR的概念在1950年之前就已经存在了。它起源于斯坦利·G.温鲍姆的小说《皮格马利翁的眼镜》——被认为是第一部探索VR的科幻作品，这个短篇小说详细描述了一个基于嗅觉、触觉和全息眼镜的VR系统。

在50年代，莫顿·海利格创造了一个体验影院，有效地覆盖了所有的感官，并将观众的注意力吸引到屏幕的动作上。1962年，他创造了一个名为Sensorama的原型，将5个体验短片同时与多种感官（视觉、听觉、触觉）互动。1968年，伊万·萨瑟兰和他的学生鲍勃·斯普鲁尔创造了第一个 VR 和增强现实(augmented reality,AR)显示系统。

1978 年,阿斯彭电影地图开始了早期的 VR 投资,在麻省理工学院以科罗拉多州阿斯彭为创建背景。到了 80 年代,雅龙·拉尼尔(Jaron Lanier)使 VR 技术广为人知。Lanier 于 1985 年成立了 VPL 研究公司,专注于 VR 设备,如数据手套、眼睛电话和音量控制。随着 20 世纪 80 年代末媒体报道的增加,VR 开始吸引媒体报道,人们开始意识到 VR 的潜力,一些媒体报道甚至将 VR 与莱特兄弟发明的飞机相提并论。1990 年,乔纳森·沃尔登(Jonathan Waldern)在伦敦亚历山大宫举行的计算机图形 90 展览会上展示了 VR 的虚拟性。

1991 年,世嘉公司发布了世嘉 VR 街机游戏,配备了 VR 头盔和 Mega Drive,使用了 LCD 屏幕、立体声耳机和惯性传感器,使系统能够跟踪和反映用户的头部运动。同年,游戏 *Virtuality*(《虚拟世界》)推出,其系统立即成为最大的多人 VR 在线娱乐系统,它在许多国家和地区都有发售,包括在旧金山河滨中心的 VR 专卖店。每个 *Virtuality* 系统的价格为 73000 美元,包括一个头盔和一双外骨骼手套,它是第一个 3D VR 系统。其后,麻省理工学院的科学家安东尼奥·梅迪纳(Antonio Medina)设计了一个 VR 系统,可使用户在地球上模拟驾驶火星车。世嘉公司在 1994 年发布了世嘉 VR-1 运动模拟器街机,它能够跟踪头部运动并创造立体 3D 图像。同年,苹果公司发布了 QuickTime VR 格式,它与 VR 产品紧密联系。1995 年,西雅图的一个 VR 兴趣小组创建了一个洞穴式的 270 度沉浸式投影室,称为虚拟环境剧院。1999 年,VR/AR 领域的专家菲利普·罗斯戴尔(Philip Rosedale)组织了林登实验室,专注于研究 VR 硬件,可使计算机用户完全沉浸在 360 度的 VR 环境中。

2007 年,谷歌推出了街景地图,可以显示更多的世界各地的道路、建筑和农村地区的全景。帕尔默·拉奇在 2010 年创立了 Oculus,设计了 Oculus Rift——一种 VR 头盔。2014 年,经济实惠的谷歌 Cardboard 在谷歌 I/O 开发者大会上亮相,并被发放给全体观众,Cardboard 的软件开发工具包(SDK)对 Android 和 iOS 操作系统一并开放,SDK 的 VR 视图允许开发者在网络和移动应用程序中嵌入 VR 内容。2016 年,HTC 和 Valve 推出了 HTC VIVE——一款体验极佳的 VR 产品。2016 年,ConductorVR 发布了全球首个大空间多人互动 VR 行业应用 VRoomXL。2021 年,"元宇宙"这个最初只出现在科幻小说中的词再次受到市场和资本的极大关注,它是吸纳了信息革命(5G/6G)、互联网革命(web 3.0)、人工智能革命,以及 VR、AR、MR(混合现实),特别是游戏引擎在内的 VR 技术革命的成果,有人把它看作是 VR 的进一步升级,能大大提升 VR 设备在虚拟游戏中的体验;也有人高喊它是"互联网的未来",认为它可让虚拟生活和人类的现实生活融为一体。目前来看,元宇宙基于"现实世界构建虚拟平行世界"的想法依然只是概念里的东西,无论是从技术上还是模式上,它都只有一个模糊的雏形。

3.2.3　VR 的特征

VR 技术有别于其他计算机应用技术的 3 个鲜明特征,也被称为"3I"特征,即沉浸性(immersion)、交互性(interaction)和想象性(imagination),如图 3-7 所示。

沉浸性,指用户感觉自己作为主角在虚拟环境中的真实程度。VR 技术根据人类视觉、听觉、触觉的生理和心理特点,设计出包括三维空间的场景/图像、三维动画、声音和触觉,并通过计算机渲染产生逼真的三维图像。通过佩戴互动设备,如耳机、显示器和数据手套,用户将自己置身于虚拟环境中,将自己从观察者变成主导参与者,成为虚拟环境的一部分。

交互性,指用户的感知和操作环境。传统的人机交互是指人通过鼠标和键盘与计算机进

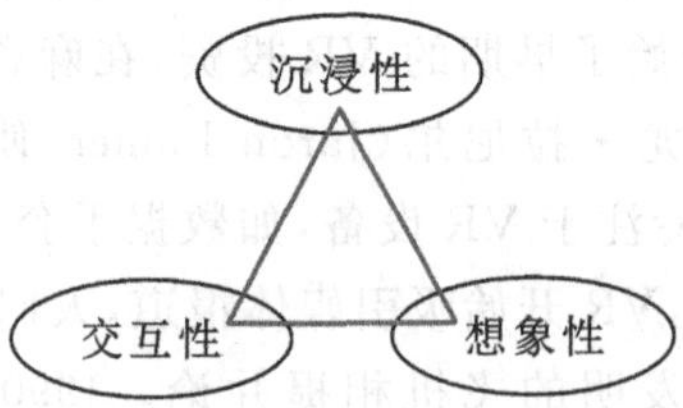

图 3-7　VR 技术的“3I”特征

行交互，计算机再通过显示器或音频进行反馈。VR 中的交互意味着人们可以与虚拟世界中的物体进行交互，以一种相对自然的方式感知虚拟环境，突破了传统的 WIMP 的桌面交互模式，它是使用特殊的 3D 交互设备（如立体眼镜、运动相机位置跟踪器等）来满足用户以感知声音、动作、面部表情等自然交互方式进行人机交互的。

想象性，指激发用户的想象力、增强用户的创造力。在虚拟环境中，用户可以根据获得的视觉、听觉、触觉等信息，结合自己的感知和认知，通过联想、推理和逻辑判断等过程，随着系统运行状态的变化来想象系统运动的未来进展，从而获得更多的知识。可使用户了解复杂系统的深层运动机制和规律性，提高用户的认知主动性，增强用户的认知能力。

现在，随着人工智能的迅速发展，有专家将智能（intelligence）也加入 VR 技术的特征中，形成 VR 的“4I”的特征。

3.2.4　VR 的原理

VR 的原理主要是人的视觉和 3D 成像原理。

1. 人的视觉

相关研究表明，人类从周围世界获得的信息中约有 80％是通过视觉获得的。因此，视觉是人类最重要的感觉通道，在设计 VR 系统、应用程序时必须考虑到视觉。

我们先来了解一下人眼的结构（如图 3-8 所示）和人眼的工作机制。眼睛前面的角膜和晶状体首先将光线集中到眼睛后面的视网膜上，形成清晰的图像。视网膜是由视细胞组成的，分为锥状体和杆状体。锥状体只在光线明亮时工作，具有区分光的波长的能力，所以它对颜色很敏感，特别是光谱的黄色部分，在视网膜中间最普遍。杆状体比锥状体更敏感，其可在昏暗的光线下工作，但没有分辨颜色的能力。因此，我们在白天能够分辨物体的颜色，在晚上则看不清颜色。

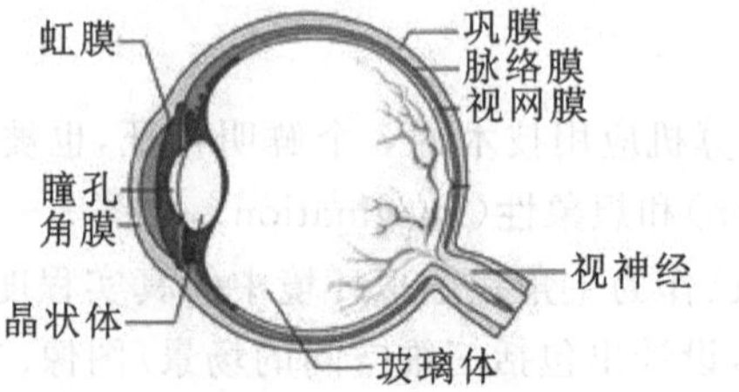

图 3-8　人眼结构图

视网膜中不仅有大量的视觉细胞，还有一个盲点，即视神经进入眼睛的入口。盲点中没有锥状体和杆状体,视觉系统会自我调整,使人们无法发现它。视网膜中还有一种特殊的神经细胞,称为视神经中心。人们正是通过视神经中心来检测运动和形态的改变的。

视觉活动从光开始。光可以从物体上反射,在眼睛后面形成图像。眼睛里的神经末梢将其转化为电信号,发送到大脑,形成对外部世界的感知。视觉感知可以分为两个阶段:从外部刺激接收信息的阶段和解释信息的阶段。需要注意的是,一方面,眼睛和视觉系统的物理特性使我们无法看到某些东西;另一方面,视觉系统在解释和处理信息时,对不完整的信息有一些想象。因此,在设计 VR 系统、应用程序时,必须了解这两个阶段及其影响,并了解人眼实际能看到的信息。

2. 3D 成像原理

由于人们的左右眼观看物体的角度略有不同(称为"视差"),因此它们可以区分物体之间的距离并产生立体视觉,如图 3－9 所示。3D 电影就是利用这一原理,将左右眼看到的图像分开。

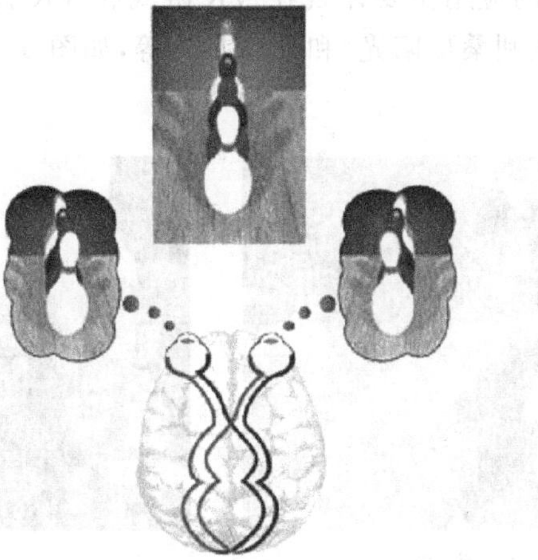

图 3－9　立体视觉原理图

在观看 3D 电影时,观众只能用左眼看到左眼的图像,用右眼看到右眼的图像。通过双眼会聚的功能,左眼和右眼的图像在视网膜上叠加,脑神经产生 3D 视觉效果,呈现出连贯的 3D 画面,使观众能感受到景物的到来或进入屏幕的深凹处,产生强烈的"身临其境"感。

根据人的视觉特点和 3D 成像原理,设计立体成像算法伪代码如下所示:

```
var Camera1 : Camera;
var Camera2 : Camera;
var cameraSwitch : boolean;
function Update (){
    if (cameraSwitch){
        Camera2.enabled = true;
        Camera1.enabled = false;
        cameraSwitch = false;
    }
```

```
    else{
        Camera1.enabled = true;
        Camera2.enabled = false;
        cameraSwitch = true;
    }
}
```

3.2.5 VR 的应用领域

简单的 VR 系统从 20 世纪 70 年代起就被用于军事领域，例如训练飞行员。随着 20 世纪 80 年代后计算机硬件和软件技术的改进，它也得到了更广泛的关注和迅速发展。如今，它已被广泛应用于娱乐、建筑、教育、军事、工业和医疗等领域。

1. 娱乐

VR 技术在娱乐领域的应用主要体现在 VR 游戏和 VR 直播等方面。当前，较为流行的 VR 游戏有《绝地求生》《亚利桑那阳光》和 *The Lab* 等，如图 3－10 所示，而 VR 直播是 VR 的新兴应用。

《亚利桑那阳光》游戏　　*The Lab*游戏

《绝地求生》游戏

图 3－10　较为流行的 VR 游戏

VR 直播是 VR 与直播技术的结合。与现在流行的直播平台不同，VR 直播对设备的要求更高，普通的手机摄像头和 PC 摄像头显然难以满足要求，需要使用 360 度全景摄影设备，才能拍摄到超清晰、多角度的图片，且每一帧都是 360 度的全景，观众还可以选择上下左右任意角度观看，体验更真实的沉浸感。

VR 直播可以促进用户从旁观者变成参与者，缩短主播与网友之间的距离，“打破”主播与用户之间的屏幕障碍，打破空间与距离的界限，让主播与用户在近距离“亲密接触”。VR 直播在某些方面改变了人类的社会交往方式，具有划时代的意义。随着 VR 技术的快速发展，抖音、快手等直播平台开始尝试采用 VR 技术，通过手机摄像头获取主播的肢体动作和面部表情参数，利用算法对主播的肢体动作和面部表情做映射，并进行优化，呈现给粉丝虚拟化后的人物形象，也给用户带来了无限的乐趣。

2. 建筑可视化

VR 技术在建筑可视化领域的应用主要体现在 VR 样板房建设和虚拟楼盘建设等方面。

VR 样板房是利用 VR 技术，借助于 VR 设备，将还未建成的楼房进行虚拟装修，使得用户能够提前观看到某一户型楼房的完善装修效果，如图 3－11 所示。VR 样板房主要有两类客户。第一类是房地产开发商、销售商，房地产开发商、销售商委托软件公司开发的 VR 样板房主要用来增强置业顾问对户型的描述能力，吸引客户购房置业；第二类客户是装修、装饰公司，装修、装饰公司委托软件公司开发的 VR 样板房主要用来辅助室内设计，根据用户需求进行实时设计，相对于平面效果图，可更加直观地展示设计效果，增强用户体验，达到吸引客户的目的。相对于真实的样板房，VR 样板房费用更低，交互更加灵活，体验效果更好。

图 3－11　VR 样板房

虚拟楼盘同虚拟样板房一样，虚拟楼盘主要客户为房地产开发商、销售商，主要用来满足售房需要，客户可以借助工具在 3D 虚拟楼盘中自由行走、任意观看。应用场景一般是销售人员在给看房买房的客户讲解时，给客户提供真实的小区入住体验，帮助客户了解小区周边环境，增加客户对小区内环境和周边环境的好感，目的也是吸引客户在此购房置业。

3. 教育

VR 技术在教育领域的应用主要表现在 VR 实验室、VR 教室和 VR 课件等方面。

VR 实验室分为研究型实验室和应用型实验室。研究型实验室侧重于 VR 关键问题的研究，比如 VR 中的触摸反馈、游戏与心理、VR 自然交互等。应用型实验室侧重于 VR 内容的制作，如 VR 软件的开发和 VR 视频、图像的制作等。两种类型的实验室都需采购大量 VR 设备，如 HTC VIVE、Oculus Rift、大显示屏和异形屏幕等设备，用于支撑 VR 相关课程和课题，满足教学和研究需要。

VR 教室是将 VR 技术与教学情景相融合，集终端、应用系统、云平台、课程内容于一体，将抽象的概念情景化，提供极简易的教育教学互动操作，为学习者提供高度仿真、沉浸式、可交互的虚拟互动学习场景。通过 VR 技术制作与课堂内容相关的 VR 体验仿真，比如说“穿越”到 1903 年和莱特兄弟一起驾驶第一架飞机，可提高学习者的学习兴趣，加深其对课堂内容的印象。

VR 课件是指利用 VR 技术开发的课件。旧金山 Alta Vista 学校的两位科学课老师与专注于教育内容研发的 Lifeliqe 公司合作，基于 Lifeliqe VR 博物馆应用程序，开发了一个 VR 课件。在 Steam 平台上的 Lifeliqe VR 应用中，学生们借助于 HTC VIVE 可以体验到在古遗址中漫步、深入动植物细胞内部观察、与宇航员们一起漂浮在国际空间站等真实场景。VR 教学最大的好处是寓教于乐，不仅打破了课堂授课的空间限制，也能够让学生们在课外更加自主地体验这些内容。

4. 军事

VR 技术对军事演习的推进具有重要的战略意义和经济意义。装备训练、战场环境、作战演习、战后重建等都可使士兵在 VR 中进行训练(如图 3-12 所示)，可以有效提高军事训练的效率和士兵的心理素质，降低真实训练中的高成本、高风险。该技术通过三维技术，制作包括作战背景、战场场景、各种武器装备和作战人员在内的战场环境图形和图像库，为士兵营造一个危机四伏、接近真实的三维战场环境，增强士兵的临场感，提高训练质量。

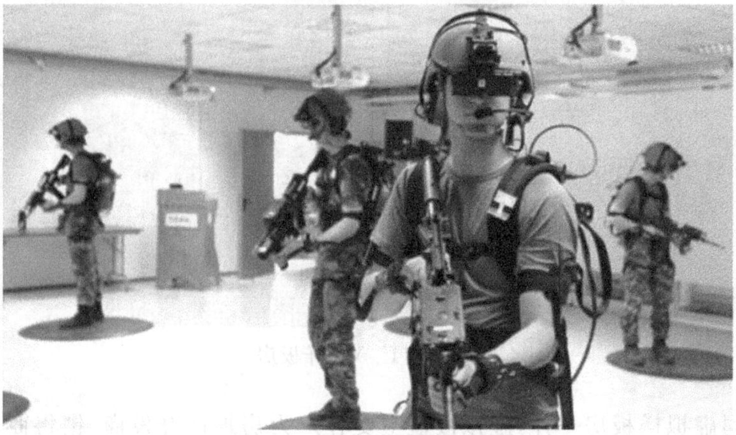

图 3-12　VR 军事演练

格鲁吉亚曾使用“步兵可穿戴 VR 训练系统”来训练步兵。挪威曾让士兵使用 Oculus Rift 头盔进行坦克驾驶，这将使坦克中的士兵能够以第一视角看到外面 360 度的情景。泰国国防技术研究所已经与玛希隆大学签署了一项协议，即为军事训练开发虚拟环境。

5. 工业

VR 技术在工业领域的应用主要体现在虚拟装配、机械仿真和虚拟样机等方面，如图 3-13 所示。

1)虚拟装配

在机械制造领域，往往要将多达数万个零件组装成机械产品，然而由于机械产品具有设计、组装误差，往往会导致在最后组装时才能发现产品误差，给工厂和企业的信誉及经济造成不可估量的损失。利用 VR 技术，对机械产品进行虚拟装配，由于产品设计精度不同、形状不

图 3-13　虚拟装配和虚拟样机

同，对产品装配过程的模拟也不同，用户可以通过交互的方式，对产品的装配过程进行模拟控制，检查产品设计和操作过程是否得当，对装配过程中发现的问题及时处理，修改模型进行迭代设计。例如，虚拟仿真系统根据产品设计的形状、精度特点，对产品进行真实的三维装配过程模拟，并允许用户以交互方式模拟控制产品的真实三维装配过程，检验装配设计和操作的正确性，从而发现产品装配中的问题，及时修改模型。

2）机械仿真

机械仿真包括机械产品的运动仿真和机械产品的加工过程仿真。前者可以有效地发现和解决运动过程中可能出现的运动工件的设计、电机协调关系等问题，而后者可以提前发现产品设计中的加工方法及加工过程中可能存在的问题，通过改变设计，保证产品的质量和完成某一项目的时限。

3）虚拟样机

机械产品的性能和质量往往需要通过最终的样机试运行才可以确定。然而，很多问题在这个时候是没有办法改变的，修改设计意味着全部或大部分的新产品将会被报废。用虚拟样机代替传统的硬件样机来测试机械产品的质量和性能，可以大大节省新产品研发的时间和成本，并能明显改善开发团队成员之间的沟通方式，提高工作效率，缩短机械产品的生产时间。

6. 医疗

VR 技术在医学领域的应用主要体现在两个方面：医学教育和辅助治疗。

医微讯平台推出了“在线医疗＋VR 学习”工具柳叶刀客（Surgeek），除了可拍摄 VR 全景手术视频外，还加入了 3D 互动模拟，通过娱乐性的游戏来模拟手术的操作。成都的华域天府开发的“人卫 3D系统解剖学 VR 版”（如图 3-14 所示）采用 VR 头盔，可以 360 度全景观察人体结构，是一款医学解剖学的辅助教学软件系统，导入了完整的在虚拟环境中的 3D 数字人体解剖学，用户可以用通过手柄进行旋转和复原等交互操作。百通世纪针灸 VR 教学软件——虚拟人体针灸教学平台包含整体和局部两部分，整体模块包含了人体的经络和任督二脉，即 14 条经络及所有经络的组成信息，局部模块包含了头颈、胸、臂、腹、膝足五大部分，在局部模块中，详细介绍了各部分所有穴位的功能信息，并可使用户在局部模块中进行针灸练习，模拟针灸过程。

挪威 MindMaze 公司的核心产品 MindMotion 是获批在美国销售的 VR 神经康复治疗系统，主要用于中风患者的康复治疗。美国麻省理工学院的几名学生也为阿尔茨海默病患者开发了一款 VR 应用 Rendever，旨在利用老人过去的经历、照片、熟悉的音乐等内容，通过 VR

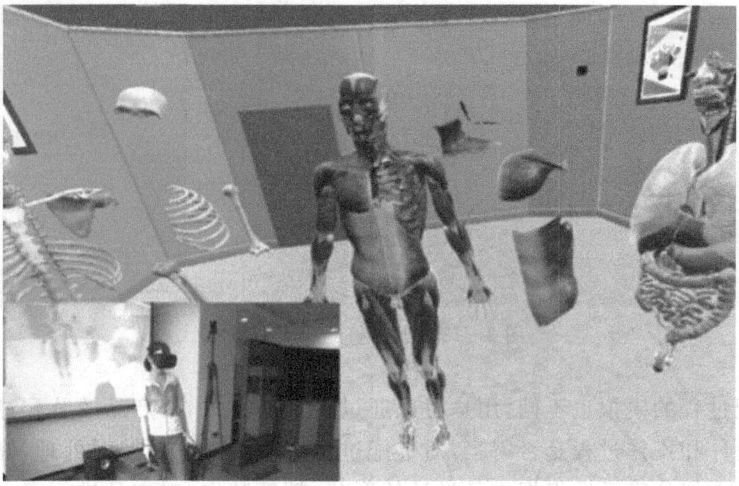

图 3-14 “人卫 3D 系统解剖学 VR 版”演示图

设计引导老人回忆对话、熟悉场景等互动内容，从而为认知障碍的老人提供辅助治疗。以色列初创公司 VRPhysio 推出了 VR 理疗，可以帮助患者进行简单的练习，同时测量并反馈他们的动作，以衡量他们的恢复情况。

除上述领域外，VR 技术在航空航天、汽车展示、艺术设计、旅游规划、能源、矿产开采等领域也得到了良好的应用。

3.2.6 VR 的开发引擎

引擎一词在有道词典中的解释是：把能量（如热能、化学能、核能、辐射能和升高的水的势能等形式的能量）转变为机械力和运动的机器，即发动机。发动机为机械运动提供能量，同样，我们这里讲的引擎是指程序支持的核心组件，为 VR 游戏、应用或系统的开发提供能量，提供支持。现在常用的引擎主要是 Unity 和 UE4 两种：Unity 是 VR 游戏开发者的轻量级工具，是目前 VR 游戏开发者的首选游戏引擎；UE4 作为后起之秀，在 VR 游戏开发界曾大出风头，具有强大的开发能力和开源策略。它们都是非常优秀的专业引擎，能够为开发 VR 程序提供平台、工具、文档等帮助。

1. Unity3D

Unity3D 是由 Unity Technologies 公司开发的一款能让开发者快速开发三维游戏、VR、建筑可视化、实时三维动画等类型互动内容的多平台综合型游戏和应用开发工具，是一款全面整合的专业游戏引擎，Unity3D 的 Logo 如图 3-15 所示。除了能实现游戏和 VR 应用的 3D 效果之外，它还提供了一套解决方案级别的游戏和 VR 应用开发工具，能够让开发者开发出产品后，通过 Unity3D 中的构建设置（build settings）实现多平台的快速发布。使用 Unity 开发的代表作品有《炉石传说》《神庙逃亡》等。

Unity3D 引擎编程语言支持 C# 和 JavaScript。在 Unity3D 引擎中，使用 C# 或 JavaScript 编写的程序文件被称为脚本程序。Unity3D 引擎的开放性较好，除了支持 C# 和 JavaScript 进行程序编写，Unity3D 引擎的插件也非常丰富，因为 Unity3D 编辑器开放了插件开发接口，任何开发人员都可以进行插件开发，丰富了 Unity3D 引擎的插件库。目前，为了方便

VR 应用的开发，Unity3D 为各种 VR 硬件设备提供了专门的开发接口。Unity3D 专门为 HTC VIVE 提供了 SteamVR Plugin 插件，开发者可以很容易地使用开发接口在程序中操作 VR 头盔和操作手柄等设备。

2. UE4

Unreal Engine 4(虚幻引擎 4，也被称为虚幻 4)，简称 UE4，是 Epic Games 公司开发的一款次世代游戏引擎，多用于快节奏第一人称射击游戏和 VR 应用开发，也可以跨平台，并支持多种设备(如 Windows、Linux、Android、iOS、Xbox 等)，UE4 的 Logo 如图 3-15 所示。UE4 是开源免费的，我们也可以自行下载源代码进行编译，也可以修改引擎代码改变它的功能，该引擎编程方式支持 C++和蓝图，C++主要用来开发游戏底层逻辑，蓝图编程较为简单，主要用来开发较为高层的游戏逻辑。相对于 C++编程语言，蓝图使用方式较为简单，是一种可视化的编程工具，掌握起来比较容易，比较适合初学者、艺术类教师和从业者使用。UE4 也为众多 VR 硬件平台(如 HTC VIVE、GearVR、Oculus Rift 等)开放了开发端口，可以方便开发者使用，使用少量的编程就可开发出比较完整的 VR 应用。

图 3-15　Unity3D9(左)和 UE4(右)的 Logo

风靡全球的游戏《绝地求生》就是通过 UE4 开发的。《绝地求生》也就是大家熟知的“吃鸡游戏”，由 PUBG 公司使用 UE4 开发完成，后来授权腾讯和网易在大陆地区运营。其他 UE4 代表作品还有《AVA 占地之王》《创造的欢乐》和《异星探险家》等。

目前来看，UE4 同 Unity3D 一样，也是一款非常优秀的游戏引擎，但是 UE4 在大陆地区使用的较少，可能与 UE4 在大陆地区的推广力度小有关系。

3.2.7　VR 的挑战

VR 为生活带来便利的同时，也引发了如下一些问题。

1. 安全和隐私问题

安全和隐私问题一直是增强现实(augmented reality，AR)技术及相关应用中最重要的问题之一。在数据层面，共享数据可能会披露客户的个人资料、行为和联系方式。设备由于联网支持，很容易在 VR 和 AR 设备上安装恶意软件，如果客户缺乏技术知识，没有定期更新，敏感数据很容易被黑客窃取。在设备层面，VR 和 AR 中缺乏必要的安全机制和安全的设备链接，可能更容易让黑客攻击用户设备和摄像头，从而在 VR 和现实世界中造成另一种犯罪。

更好的安全控制，如云数据库、防火墙和授权，是商家的最佳解决方案。除此之外，必须加强对客户的安全教育和推广，例如在不同的平台上使用强密码、更新机器，以及其他使用高科技的最佳做法。

2. 技术限制

设备的联网和计算能力一直是技术发展的关键限制。即使是5G网络，新的CPU也只能在未来实现。但是由于应用中的新媒体和新内容不断在更新，这将使设备的联网和计算能力再次达到顶峰，就像过去的经历一样。因此不断增强是解决技术问题局限性的唯一途径。

3. 健康问题

据BBC新闻报道，佩戴VR头盔最明显的风险是沉浸在VR和增强现实中，撞到真实物体而受伤。根据用户反馈，头痛、眼疲劳和头晕也是常见的健康影响。这些发现让可穿戴VR设备的安全性令人担忧，因为它们是专门设计用来穿戴在人身体上的。加强VR设备健康使用的宣传、指导和教学是解决该问题的有效办法。

习题

一、思考题

1. 陈述VR的概念和VR技术的“3I”特征。

2. 简述VR的发展历史，并总结VR在各个发展时期的特点。

3. 调研现在市场上存在的VR设备，如Facebook的Oculus Rift、索尼的PSVR等，分析各自的特点，并列出各自的规格型号和主要技术参数。

4. VR设备大多是基于“视差原理”，即把左右眼的视差画面分别渲染到两个对应的屏幕上，人类的双眼按照习惯采集画面并传递给大脑进行混合，从而实现立体视觉。请大家尝试根据立体视觉形成原理自己动手制作一个VR眼镜盒子，可使用纸壳、非球面平凸透镜、橡皮筋等原材料。

第4章　云计算与物联网

"最深邃的技术是那些'消失'的技术,这些技术融入日常生活当中,令人难以分辨。"这是20世纪90年代初,信息产业还处于个人计算机时代时,计算机科学家马克·魏泽尔对计算机和网络技术未来发展的展望。经过近几十年的发展,当年的展望正逐渐变成现实。

近年来,随着移动互联网技术的不断发展与变革,人类已经进入了前所未有的信息化社会。互联网、PC机、传感器、移动终端等各种智能设备已经融入人们的日常生产和生活当中,成为人们生活、娱乐、办公、社交等不可或缺的一部分。"云计算""物联网"等词也频繁出现在世人眼前。

本章针对云计算技术和物联网技术,分别从定义、特征、核心技术和应用等几个方面进行阐述,旨在让读者对两个技术有宏观的认识,为后续深层次的学习打下基础。

4.1　云计算技术

云计算(cloud computing)是一个内涵丰富而定义模糊的名词。当前,云计算已经席卷了IT行业的各个领域,人们似乎很难清晰地领会云计算的本质。

本节中,我们从云计算的思想起源出发,依次对云计算的定义、云计算的服务模式及云计算的核心技术进行阐述,最后给出云计算的典型应用案例,分析其基本的技术原理,让读者更深刻地理解云计算的内涵。

4.1.1　云计算思想的产生

传统模式下,企业建立一套IT系统不仅仅需要购买硬件等基础设施,还要办理软件的许可证,需要专门的人员维护。当企业的规模扩大时还要继续升级各种软硬件设施以满足需要。对企业来说,计算机硬件和软件本身并非其真正需要的,而仅仅是完成工作、提供效率的工具而已。对个人来说,正常使用电脑需要安装许多软件,而许多软件是收费的,对不经常使用某些软件的用户来说购买这些软件是非常不划算的。如果有这样的服务,能够提供我们需要的所有软件供我们租用,这样我们只需要在用时付少量"租金"即可"租用"到这些软件服务,可为我们节省许多购买软硬件的资金。这些想法最终助推了云计算的产生。

我们每天都要用电,但我们不是每家自备发电机,它由电厂集中提供;我们每天都要用自来水,但我们不是每家都有水井,它由自来水厂集中提供。这种模式极大地节约了资源,方便了我们的生活。云计算的目标就是将计算、服务和应用作为一种公共设施提供给公众,使人们能够像使用水、电、天然气那样使用这些资源,它是一种新的有效的计算使用范式(如图4-1所示)。

云计算模式即为电厂集中供电模式。在云计算模式下,用户的计算机会变得十分简单,因为用户的计算机除了通过浏览器给"云"发送指令和接收数据外基本上什么都不用做,便可以使用云服务提供商的计算资源、存储空间和各种应用软件。这就像连接"显示器"和"主机"的

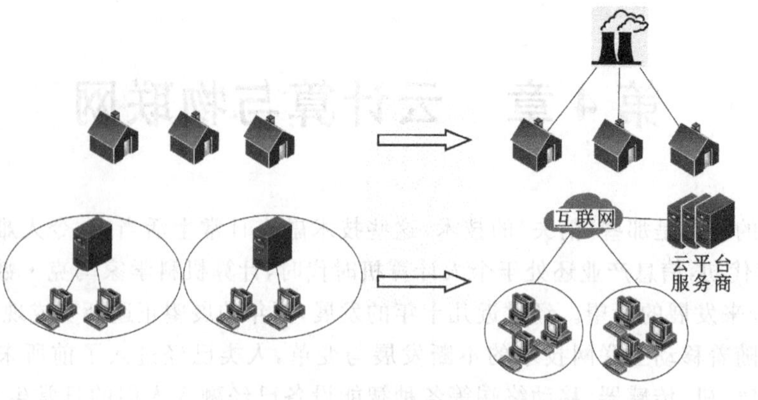

图 4-1　云计算的目标

电线无限长，从而可以把显示器放在使用者的面前，而主机放在远到甚至计算机使用者本人也不知道的地方。云计算把连接“显示器”和“主机”的电线变成了网络，把“主机”变成了云服务提供商的服务器集群。

在云计算环境下，用户的使用观念也会发生彻底的变化：从“购买产品”到“购买服务”转变，因为他们直接面对的将不再是复杂的硬件和软件，而是最终的服务。用户不需要拥有看得见、摸得着的硬件设施，也不需要为机房支付设备供电、空调制冷、专人维护等费用，并且不需要等待漫长的供货周期、项目实施等冗长的时间，只需要把钱汇给云计算服务提供商，就可以马上得到需要的服务。

目前，在学术界和工业界共同推动之下，云计算及其应用呈现迅速增长的趋势，各大云计算厂商都推出了自己研发的云计算服务平台。而学术界也源于云计算的现实背景纷纷对模型、应用、成本、仿真、测试等诸多问题进行了深入研究，提出了各自的理论方法和技术成果，极大地推动了云计算继续向前发展。

4.1.2　云计算的定义

2006 年，Google 高级工程师克里斯托夫·比希利亚第一次向 Google 董事长兼 CEO 施密特提出“云计算”的想法，在施密特的支持下，Google 推出了“Google101 计划”（该计划目的是让高校的学生参与到云的开发），并正式提出“云”的概念。由此，拉开了一个时代计算技术及商业模式的变革。

云计算是由分布式计算、并行处理、网络计算发展而来的，是一种新兴的商业计算模式。对一般用户而言，云计算是指通过网络以按需、易扩展的方式获得所需的服务。对专业人员而言，云计算是分布式处理、并行处理和网格计算的发展，或者说是这些计算机科学概念的商业实现。目前，人们对于云计算的认识在不断地发展变化，到底什么是云计算，很多机构和学者都对其进行了解读，但没有形成公认的定义。目前，广为接受的说法是美国国家标准与技术研究院的定义：

“云计算是一种无处不在、便携且按需对一个共享的可配置计算资源（包括网络、服务器、存储、应用和服务）进行网络访问的模式，它能够通过最少量的管理及与服务提供商的互动实现计算资源的迅速供给和释放。”

我们对云计算这 3 个字进一步理解:"云"是网络、互联网的一种比喻说法,即互联网与建立互联网所需要的底层基础设施的抽象体。"计算"当然不是指一般的数值计算,指的是一台足够强大的计算机提供的计算服务(包括各种功能,资源,存储)。所以,"云计算"我们可以理解为:网络上足够强大的计算机为你提供的服务,只是这种服务是按你的个性化需求进行付费的。

4.1.3　云计算的服务模式

云计算的表现形式多种多样,简单的云计算在人们日常网络应用中随处可见。比如百度的网盘、微软的 Office 365,以及阿里的 ECS 服务等。目前,云计算的主要服务模式有:基础设施即服务、平台即服务和软件即服务。如图 4-2 所示,3 种类型云服务对应不同的抽象层次。

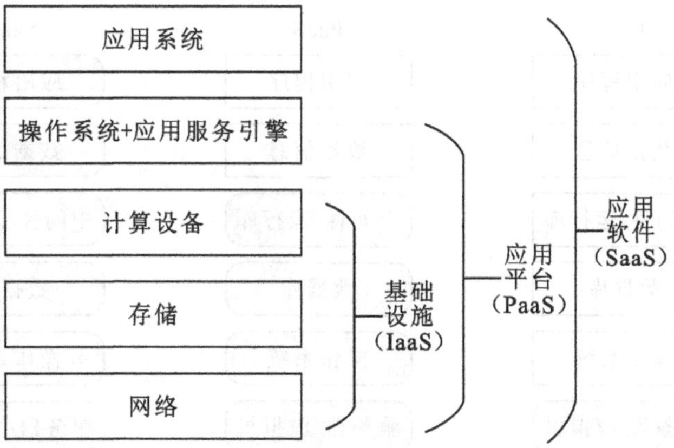

图 4-2　云计算分类

1. 基础设施即服务(infrastructure as a service,IaaS)

IaaS 即把厂商的由多台服务器组成的"云端"基础设施作为计量服务提供给客户。它将内存、I/O 设备、存储和计算能力整合成一个虚拟的资源池为整个业界提供所需要的存储资源和虚拟化服务器。这是一种托管型硬件方式,用户付费使用厂商的硬件设施。例如亚马逊网络服务(AWS)、阿里的 ECS 等均是将基础设施作为服务出租。

IaaS 的优点是用户只需低成本硬件,按需租用相应计算能力和存储能力,大大降低了用户在硬件上的开销。

2. 平台即服务(platform as a service,PaaS)

PaaS 把开发环境作为一种服务来提供。这是一种分布式平台服务,厂商提供开发环境、服务器平台、硬件资源等服务给客户,用户在其平台基础上定制开发自己的应用程序并通过其服务器和互联网传递给其他客户。PaaS 能够给企业或个人提供研发的中间件平台,提供应用程序开发、数据库、应用服务器、试验、托管及应用服务。

PaaS 既要为 SaaS(软件即服务)层提供可靠的分布式编程框架,又要为 IaaS 层提供资源调度、数据管理、屏蔽底层系统的复杂性等服务,同时 PaaS 又将自己的软件研发平台作为一种服务开放给用户。

3. 软件即服务(software as a service,SaaS)

SaaS服务提供商将应用软件统一部署在自己的服务器上,用户根据需求通过互联网向厂商订购应用软件服务,服务提供商根据客户所定软件的数量、时间的长短等因素收费,并且通过浏览器向客户提供可使用的软件。

这种模式下,客户不再像传统模式那样花费大量资金在硬件、软件、维护人员上,只需要支出一定的租赁服务费用,通过互联网就可以享受到相应的硬件、软件和维护服务,这是网络应用最具效益的营运模式。对于小型企业来说,SaaS是采用先进技术的最好途径。这种服务模式的优势是,由服务提供商维护和管理软件,提供软件运行的硬件设施,用户只需接入互联网的终端,即可随时随地使用软件。

IaaS、PaaS和SaaS的区别如图4-3所示:

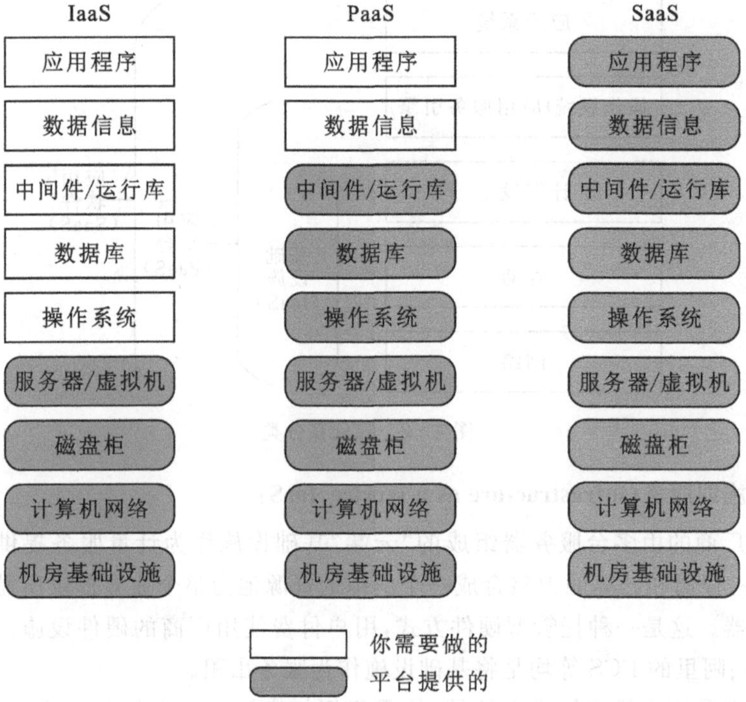

图4-3 IaaS、PaaS和SaaS的区别

4.1.4 典型云计算平台应用

1. Google云

Google公司有一套专属的云计算平台,这个平台最初是为Google的搜索应用提供服务,现在已经扩展到其他应用程序。Google的云计算基础架构模式包括4个相互独立又紧密结合在一起的系统:Google File System分布式文件系统(GFS),针对Google应用程序的特点提出的MapReduce编程模式,分布式的锁机制Chubby,以及Google开发的模型简化的大规模分布式数据库BigTable。本书仅对MapReduce编程模式进行简单的阐述,对其他几项技术有兴趣的读者可以查阅相关资料。

Google 的三驾马车

GFS、MapReduce、BigTable 被誉为是 Google 的三驾马车，它们与 Hadoop 的产生和发展息息相关，虽然 Google 没有公布这三个产品的源码，但是它发布了这三个产品的详细设计论文，奠定了风靡全球的大数据算法的基础。有兴趣的读者可以搜索一下，感受下它们的魅力。

三篇论文的题目是："Google File System""Google MapReduce""Google BigTable"。

MapReduce 编程模式：

MapReduce 是一种编程模式，它主要用于搜索领域解决海量数据的计算问题。它最早是在 2004 年由 Google 的工程师在一篇学术论文中定义的，由于它出色的数据处理能力，Hadoop 平台对其进行了开源实现。

MapReduce 的核心思想是"分而治之"的策略，即当我们在做大规模数据处理的时候（注意：一定是大规模数据处理，TB 级的，如果是几百兆，就没必要用 MapReduce 了），MapReduce 会把非常庞大的数据集切分成很多个小分片，英文是 split，然后为每一个分片单独启动一个 Map 任务，最终通过多个 Map 任务，并行地在多个机器上去处理，从而实现分而治之。

MapReduce 把分布式并行编程非常复杂的计算过程高度抽象成两个函数，一个是 Map，一个是 Reduce，这也是 MapReduce 名称的由来，它的整个框架核心设计就是这两个函数，极大降低了分布式并行编程的难度，可以说有了 MapReduce，编程人员无需去掌握分布式编程的细节，就可以完成分布式程序的设计。

为了进一步理解 MapReduce 的编程方式，通过一个简单的例子来说明使用 MapReduce 模式进行数据处理的步骤。一般来讲，编写 MapReduce 程序的步骤如下：

(1)把问题转化为 MapReduce 模型；

(2)设置运行的参数；

(3)写 Map 类；

(4)写 Reduce 类。

示例：如何统计每个单词出现的次数？

假设我们有一个非常大的文件，它有很多行，每行都有很多单词，那么如何统计每个单词出现的次数？这个任务虽然很简单，但它有很多重要的应用场景，比如：

(1)搜索引擎中，统计最流行的 K 个搜索词；

(2)统计搜索词频率，帮助优化搜索词提示。

要完成这个任务的主要思想就是：一个大的文本文件，首先将其分解成多个小文本文件，然后对每个小文本文件分别进行统计，最后把每个小文本文件统计的结果进行汇总，显然这符合分而治之的思想，因此可以用 MapReduce 来解决。

接下来，我们需要的就是编写 Map 和 Reduce 函数。因为 MapReduce 计算框架已经提供了分布式并行的框架，负责数据传输、并发控制、分布式调用、故障处理等工作，我们只需要编写线性的 Map 和 Reduce 函数，因此十分简单。Map 和 Reduce 函数的伪代码如下所示：

```
//Map 函数
//key：字符串偏移量；value：一行字符串内容
```

```
map(String key,String value);
    //将字符串分割成单词
    words = SplitIntoTokens(value);
    for each word w in words;
        EmitIntermediate(w,"1");
//Reduce 函数
//key:一个单词;values:该单词出现的次数列表
reduce(String key, Iterator values);
    int result = 0;
    for each v in values;
        result + = StringToInt(v);
    Emit(key,IntToString(result));
```

在 Map 函数中,用户的程序将文本中所有出现的单词都按照出现计数,并以 Key-Value 对的形式(又称键值对)发射到 MapReduce 给出的一个中间临时空间中。通过 MapReduce 中间处理过程,将所有相同的单词产生的中间结果分配到同样一个 Reduce 函数中。而每一个 Reduce 函数则只需把计数累加在一起即可获得最后结果。

2. 阿里云

阿里云创立于 2009 年,总部位于中国杭州,是全球领先的云计算及人工智能科技公司,为 200 多个国家和地区的企业、开发者和政府机构提供服务。阿里云致力于以在线公共服务的方式,提供安全、可靠的计算和数据处理能力,让计算和人工智能成为普惠科技。阿里云现已成长为中国最大的云服务提供商。

阿里云独立开发出一套完整的云计算平台——飞天平台,并初步形成了一套比较完整的开放服务,如弹性计算服务(elastic compute service,ECS)、开放存储服务(open storage service,OSS)、开放结构化数据服务(open table service,OTS)、开放数据处理服务(open data processing service,ODPS)、关系型数据库服务(relational database service,RDS)等。本书重点介绍 ECS,对其他服务有兴趣的读者可以查阅相关资料。

ECS 是阿里云提供的性能卓越、稳定可靠、弹性扩展的 IaaS 级别云计算服务。ECS 免去了人们采购 IT 硬件的前期准备,让人们可以像使用水、电、天然气等公共资源一样便捷、高效地使用计算资源,实现计算资源的即开即用和弹性伸缩,其产品组件架构如图 4-4 所示。

ECS 包含两个重要的模块:计算资源模块和存储资源模块。ECS 的计算资源指 CPU、内存、带宽等资源,主要通过将物理服务器上的计算资源虚拟化,然后再分配给云服务器使用。云服务器的存储资源采用了飞天的大规模分布式文件系统,将整个集群中的存储资源虚拟化后对外提供服务。与普通的互联网数据中心(IDC)机房或服务器厂商相比,阿里云提供的云服务器 ECS 具有高可用性、安全性和弹性的优势。

(1)高可用性:相较于普通的 IDC 机房及服务器厂商,阿里云使用更严格的 IDC 标准、服务器准入标准及运维标准,保证云计算基础框架的高可用性、数据的可靠性及云服务器的高可用性。

(2)安全性:阿里云通过了多种国际安全标准认证,包括 ISO27001、MTCS 等,对于用户数

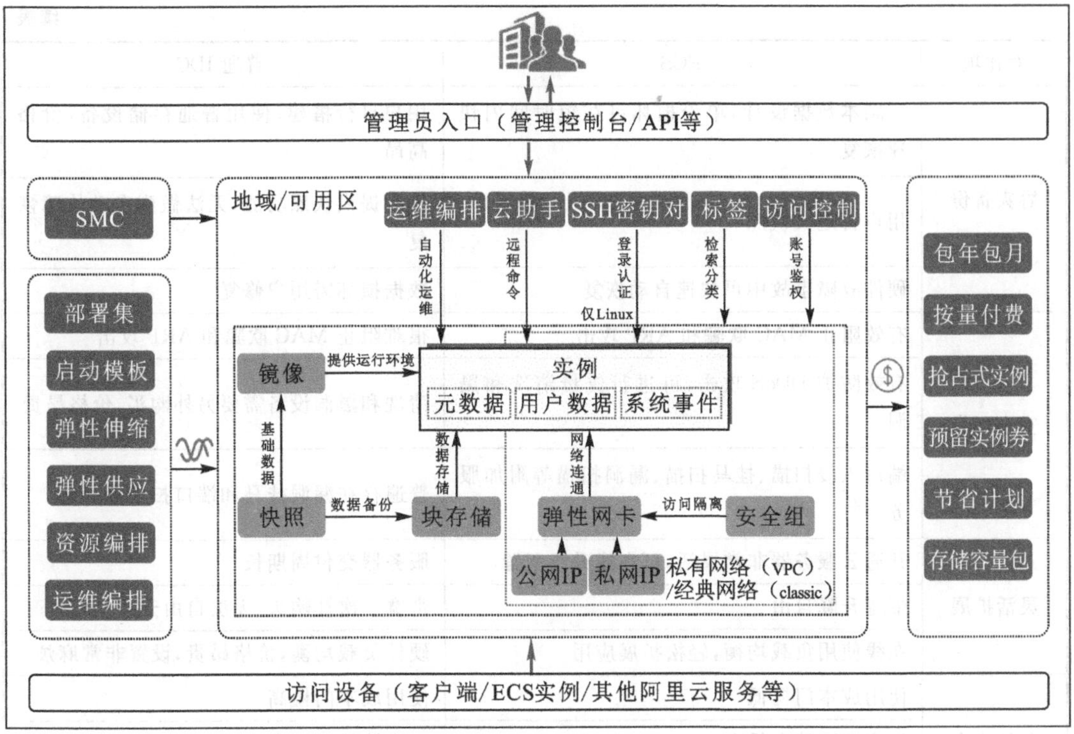

图 4-4　ECS 的产品组件架构图

据的私密性、用户信息的私密性及用户隐私的保护力度都有非常严格的要求。

(3)弹性：云计算最大的优势在于弹性与灵活性。阿里云拥有在数分钟内创建出一家中型互联网公司所需要的 IT 资源的能力，保证了大部分企业在云上所构建的业务都能够承受巨大的业务量压力。阿里云的弹性体现在计算的弹性、存储的弹性、网络的弹性及对于业务架构重新规划的弹性。

具体优势对比如表 4-1 所示：

表 4-1　ECS 与普通 IDC 优势对比表

对比项	ECS	普通 IDC
机房部署	直流电服务器，PUE 值低	交流电服务器设计，PUE 值高
	骨干机房，出口带宽大，独享带宽	机房质量参差不齐，用户选择困难
	BGP 多线机房，全国访问流畅均衡	以单线和双线为主
操作易用	内置主流的操作系统，Windows 正版激活	需用户自备操作系统，自行安装
	可在线更换操作系统	无法在线更换操作系统，需要用户重装
	Web 在线管理，简单方便	没有在线管理工具，维护困难
	手机验证密码设置，安全方便	重置密码麻烦，且被破解的风险大

续表

对比项	ECS	普通 IDC
容灾备份	三副本数据设计，单份损坏可在短时间内快速恢复	用户自行搭建，使用普通存储设备，价格高昂
	用户自定义快照	没有提供快照功能，无法做到自动故障恢复
	硬件故障事故中可快速自动恢复	数据损坏需用户修复
安全可靠	有效阻止 MAC 欺骗和 ARP 攻击	很难阻止 MAC 欺骗和 ARP 攻击
	有效防护 DDoS 攻击，可进行流量清洗和黑洞	清洗和黑洞设备需要另外购买，价格昂贵
	端口入侵扫描、挂马扫描、漏洞扫描等附加服务	普遍存在漏洞挂马和端口扫描等问题
灵活扩展	开通云服务器非常灵活，可在线升级配置	服务器交付周期长
	带宽升降自由	带宽一次性购买，无法自由升降
	在线使用负载均衡，轻松扩展应用	硬件负载均衡，价格昂贵，设置非常麻烦
节约成本	使用成本门槛低	使用成本门槛高
	无需一次性大投入	一次性投入巨大，闲置浪费严重
	按需购买，弹性付费，灵活应对业务变化	无法按需购买，必须为业务峰值满配

4.2 物联网技术

时至今日，人们对物联网这个词可能一点都不陌生了，实际上，早在 2005 年 11 月 17 日，在突尼斯举行的联合国信息社会世界峰会（World Summit on the Information Society，WSIS）上，国际电信联盟（international telecommunication union，ITU）就发布了《ITU 互联网报告 2005：物联网》，该报告指出，无所不在的“物联网”通信时代已经来临，世界上大多数的物体，从轮胎到牙刷、从房屋到纸巾都可以通过不同类别的传感器和互联网实现主动数据交换。

报告中对物联网时代的未来场景进行了生动描绘：当司机出现操作失误时汽车会自动报警；公文包会提醒主人忘带了什么东西；衣服会“告诉”洗衣机对颜色和水温的要求；等等。当物流公司的货车装载超重时，系统会自动报告超载情况，并且超载多少，如空间还有剩余时，系统会自动报告轻重货怎样搭配；当搬运人员卸货时，一只货物包装可能会大叫“你扔疼我了”，或者说“亲爱的，请你不要太野蛮，可以吗？”；当司机在和别人扯闲话，货车会装作老板的声音怒吼“笨蛋，该发车了！”

作为下一代网络的重要组成部分之一，物联网概念的提出，受到了学术界、工业界的广泛关注，特别是它在刺激世界经济复苏和发展方面的预期作用，引起了欧、美、日、韩等发达国家的重视，从美国 IBM 的“智慧地球”到我国的“感知中国”，各国纷纷制定了物联网发展规划并付诸实施。业界专家普遍认为，物联网技术将会带来一场新的技术革命，它是继个人计算机、互联网及移动通信网络之后的全球信息产业的第三次浪潮。

4.2.1　物联网的概念

物联网，英文名称为“internet of things”，顾名思义，物联网旨在通过各种感知设备、互连技术和高性能处理平台和软件，实现物理世界与数字世界的无缝融合，并最终构造出一个集“物与物”“物与人”“人与人”为一体的智能化网络空间。

由于目前对于物联网的研究尚处于起步阶段，物联网的确切定义尚未统一，一个普遍被大家接受的定义如下：

物联网是通过使用射频识别(radio frequency identification，RFID)、传感器、红外感应器、全球定位系统、激光扫描器等信息采集设备，按约定的协议，把任何物品与互联网连接起来，进行信息交换和通信，以实现智能化识别、定位、跟踪、监控和管理的一种网络。

物联网的概念有狭义和广义之分：狭义物联网即“联物”，基于物与物间的通信，实现“万物网络化”；广义物联网即“融物”，是物理世界与信息世界的完整融合，形成现实环境的完全信息化，实现“网络泛在化”，并因此改变人类对物理环境的理解和交互方式。从上述定义和概念可以看出，物联网是对互联网的延伸和扩展，其用户端可延伸到世界上任何的物品。换句话说，物联网以互联网为基础，主要解决人与人、人与物和物与物之间的互联和通信。

物联网的目标是把射频识别技术、传感器技术、网络通信技术、云计算等新一代 IT 技术充分运用在各行各业之中，具体地说，就是把感应器嵌入和装备到电网、铁路、桥梁、隧道、公路、建筑、供水系统、大坝、油气管道等各种物体中，然后将“物联网”与现有的互联网整合起来，实现人类社会与物理系统的整合，在这个整合的网络当中，存在能力超级强大的云计算中心，能够对整合网络内的人员、机器、设备和基础设施实施实时的管理和控制，在此基础上，人类可以以更加精细和动态的方式管理生产和生活，达到“智慧”状态，从而进一步提高资源利用率和生产力水平，改善人与自然间的关系。

由于物联网概念刚刚出现不久，而且随着对其认识的日益深刻，其内涵也在不断地发展和完善。因此，目前对于物物互联的网络这一概念的准确定义业界一直未达成统一的意见，存在着以下几种相关概念：无线传感器网络、射频识别技术、物理信息系统、M2M 技术及泛在网等。

4.2.2　物联网的特征

物联网通过各种功能各异的感知设备和无处不在的接入网络，实现了包括情景感知、信息分析和反馈控制的闭环处理过程，真正意义上形成了物物、物人、人人混合连接的新一代智能网络。与现有感知网络相比，物联网所涉及的感知设备、感知手段和感知情景都更加多样化、更加趋向于人们的日常生活和工作，并以前所未有的方式增强了人们收集、分析和利用数据的广度和深度。

经过近 10 年的快速发展，物联网展现出了与互联网不同的特征。与传统的互联网相比，物联网具有全面感知、可靠传递、智能处理和深度应用 4 个主要特征，如图 4-5 所示。

1. 全面感知

“感知”是物联网的核心。物联网是由具有全面感知能力的物品和人所组成的。为了使物品具有感知能力，需要在物品上安装不同类型的识别装置，例如电子标签(Tag)、条形码与二维码等，或者通过传感器、红外感应器等感知其物理属性和个性化特征。利用这些装置或设备，可随时随地获取物品信息，实现全面感知。

2. 可靠传递

数据传递的稳定性和可靠性是保证物物相连的关键。为了实现物与物之间的信息交互，就必须约定统一的通信协议。由于物联网是一个异构网络，不同的实体间协议规范可能存在差异，需要通过相应的软、硬件进行转换，保证物品之间信息的实时、准确传递。

3. 智能处理

物联网为什么需要感知和传输数据？其目的是要实现对各种物品（包括人）进行智能化识别、定位、跟踪、监控和管理等功能。因此，就需要智能信息处理平台的支撑。智能信息处理平台通过云计算、人工智能等智能计算技术，对海量数据进行存储、分析和处理，针对不同的应用需求，对物品实施智能化的控制。

4. 深度应用

应用需求促进了物联网的发展。早期的物联网只是零售、物流、交通和工业等应用领域使用。近年来，物联网已经渗透到智能农业、远程医疗、环境监控、智能家居、自动驾驶等与老百姓生活密切相关的应用领域之中。物联网的应用正向广度和深度两个维度发展。特别是大数据和人工智能技术的发展，使得物联网的应用向纵深方向发展，产生了大量的基于大数据深度分析的物联网应用系统。

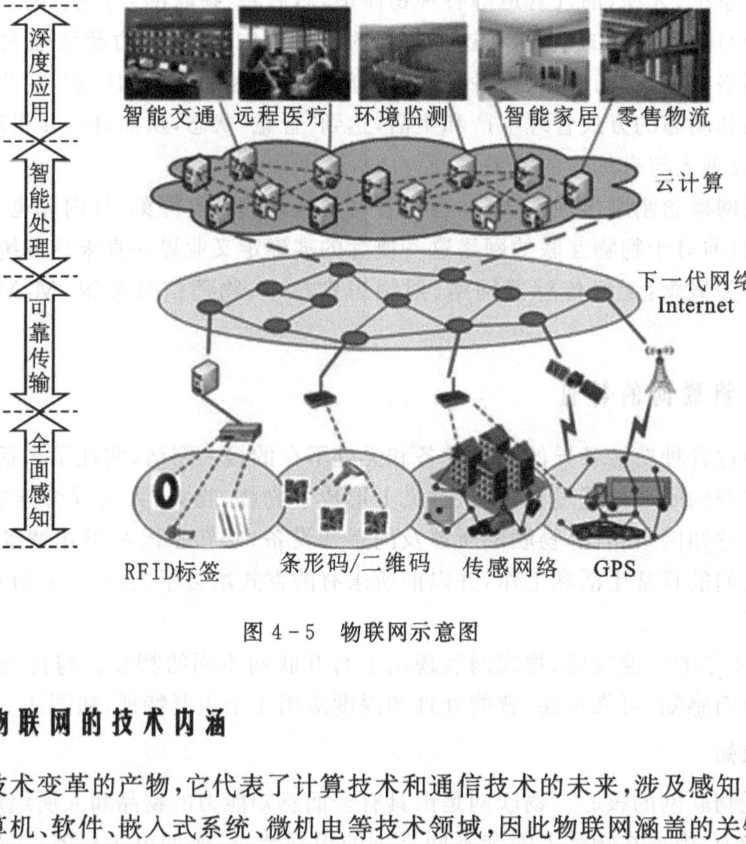

图 4-5　物联网示意图

4.2.3　物联网的技术内涵

物联网是技术变革的产物，它代表了计算技术和通信技术的未来，涉及感知、控制、网络通信、微电子、计算机、软件、嵌入式系统、微机电等技术领域，因此物联网涵盖的关键技术也非常多。本书参考工信部电信研究院《物联网白皮书》，将物联网技术体系划分为感知技术、网络通信技术、应用技术、共性技术和支撑技术，具体如图4-6所示。

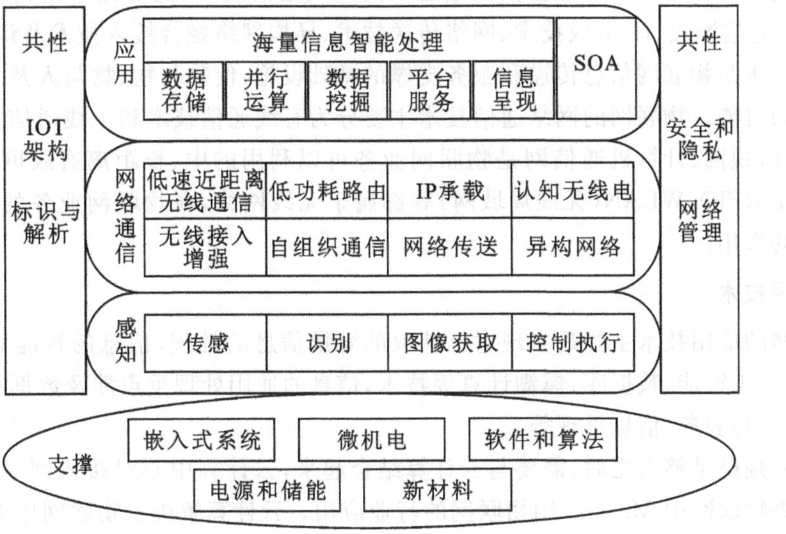

图4-6　物联网技术体系

1. 感知技术

传感和识别技术是物联网对客观事物的信息直接获取并进行认知和理解的技术。传感器将物理世界中的物理量、化学量、生物量转化成可供处理的数字信号。识别技术实现对物联网中物体信息的获取。物联网的感知涉及的技术比较多，运用较多的有传感技术、自动识别技术和定位技术。

传感技术是指依靠各类传感器将客观世界中的温度、压力、流量、距离、速度等转化为可供处理的数字信号。人通过五官（视、听、嗅、味、触）接收外界的信息，经过大脑的思考，做出相应的动作，同样，如果用计算机控制的自动化装置来代替人的劳动，则可以认为电子计算机相当于人的大脑，而传感器则相当于人的五官。从物联网角度看，传感技术是衡量一个国家信息化程度的重要指标。

自动识别技术是以计算机技术和通信技术为基础，通过被识别物品和识别装置之间的接近活动，自动地获取被识别物品的相关信息，并提供给后台的计算机处理系统来完成相关后续处理的一种技术。自动识别技术的要素是标识与识读，物联网中用标识代表连接对象，具有唯一数字编码或可辨特征。数据采集技术和特征提取技术对物联网至关重要。

定位技术作为物联网的一项重要感知技术，借助其获取物体的即时位置信息，可以衍生一系列基于位置信息的物联网应用。特别是在交通、物流领域，物体的位置实时变化，采集的其他信息通常必须与位置信息关联才有价值，因此，定位技术在智能交通、物流领域得到了广泛的应用和发展。而在医疗领域中，要实现对众多的流动医疗资源和病患的实时跟踪和管理，同样也需要依赖于定位技术。

2. 网络通信技术

网络通信技术是指通过计算机和网络通信设备对图形和文字等形式的资料进行采集、存储、处理和传输等,使信息资源达到充分共享的技术。其主要实现物联网数据信息和控制信息的双向传递、路由和控制,重点包括低速近距离无线通信技术、低功耗路由、自组织通信、无线接入 M2M 通信增强、IP 承载技术、网络传送技术、异构网络融合接入技术及认知无线电技术。网络通信技术是物联网信息传递和服务支撑的基础设施,使物与物、物与人及人与人之间的通信实现成为可能。物联网的网络通信技术主要分为有线通信技术和无线通信技术。现有的电信网、有线电视网、计算机通信网是物联网业务可以利用的中、长距离有线网络;现有的 2G、3G、4G、5G、RFID、WLAN(无线局域网)等都属于无线网络,在物联网业务的中、短距离业务中起重要的作用。

3. 应用技术

物联网的应用技术主要是实现对已获取的海量信息的处理,信息的智能处理主要涉及高性能计算、人工智能、数据库、模糊计算等技术,信息的通用处理重点涉及数据存储、并行计算、数据挖掘、平台服务、信息呈现等。

物联网规模足够大之后,需要与云计算结合起来,云计算中心对接入网络终端的普适性,最终将解决物联网中 M2M 应用物联网的行业应用。云计算解决了物联网中服务器节点的不可靠性问题,最大限度地降低了服务器的出错率。物联网中的海量数据和信息需要巨大数目的服务器,随着服务器数量的增加,服务器节点出错的概率也会随之变大,而利用云计算,成千上万台的服务器,即使某些服务器出错,也可以利用冗余备份等技术迅速恢复服务,保障物联网真正实现无间断的安全服务。云计算还可以解决物联网中访问服务器资源受限的问题,服务器相关硬件资源的承受能力是有限的,当访问超过服务器本身的限制时,服务器就会崩溃,物联网要求保障对服务很高的访问需求,来满足数据和信息的爆炸性增长,但这种访问需求是不确定的,它会随着时间而发生变化,通过云计算技术,可以动态地增加或减少云中服务器的数量,随时满足物联网中服务器的访问需求。云计算让物联网在更广泛的范围内进行信息资源共享,采用云模式后的物联网的信息将存放在互联网的云计算中心上,只要具备传感器芯片,无论物在哪里,云中最近的服务器即可获取其信息,并利用区域调度进行定位分析、更新迁移,用户将不受地理因素的限制。

数据挖掘是决策支持和过程控制的重要技术手段,它是物联网中的重要一环,物联网中的数据挖掘已经从传统意义上的数据统计分析、潜在模式的发现,转向物联网中不可缺少的工具和环节。物联网中数据挖掘技术的应用大大方便了信息的收集和管理,通过对海量数据进行数据挖掘,为物联网决策者提供服务,实现预测、决策,进而反向控制其他过程,达到控制物联网中客观事物运动和发展进程的目的。

4. 共性技术

物联网共性技术涉及网络的不同层面,主要包括架构、标识与解析、安全和隐私、网络管理等技术。

物联网架构技术目前处于概念发展阶段。物联网需具有统一的架构、清晰的分层、支持不同系统的互操作性、适应不同类型的物理网络、适应物联网的业务特性。

标识与解析技术是对物理实体、通信实体和应用实体赋予的或其本身固有的一个或一组属性,并能实现正确解析的技术。物联网标识与解析技术涉及不同的标识体系、不同体系的互操作、全球解析或区域解析、标识管理等。在互联网中,各类网络资源,如 web 网页、音视频文件及应用软件等，均采用基于域内各系统(DNS)的统一资源定位系统(URL)进行标识。这样一来，各类互联网应用之间就可以通过 URL 对各类网络资源实现统一访问，从而确保各类互联网应用能实现便捷的互联互通。与互联网中的 URL 一样，物联网也为不同的物品分配了标识，并通过标识对物品进行寻址。互联网一般可视为一个虚拟的世界，而物联网却与物理世界紧密相连，连入物联网的设备可以是各类传感设备，甚至包括病人的心脏起搏器。

安全和隐私技术包括安全体系架构、网络安全技术、"智能物体"的广泛部署对社会生活带来的安全威胁、隐私保护技术、安全管理机制和保证措施等。物联网的应用，可使人与物的交互更加方便，给人们带来诸多便利。在物联网的应用中，如果网络安全无保障，那么个人隐私、物品信息等随时都可能被泄露。而且如果网络不安全，物联网的应用为黑客提供了远程控制他人物品，甚至操纵城市供电系统、夺取机场管理权限的可能性。不可否认，物联网在信息安全方面存在很多问题。根据物联网的上述特点，其除了存在传统网络安全问题，还存在着一些与已有移动网络的安全不同的特殊安全问题。这是由于物联网由大量设备构成，而相对缺乏人的管理和智能控制所造成的。

网络管理技术重点包括管理需求、管理模型、管理功能、管理协议等。为实现对物联网广泛部署的"智能物体"的管理，需要进行网络功能和适用性分析，开发适合的管理协议。物联网的基本组成可以看作是由传感器网络接入互联网构成的，当然也有仅仅是传感器网络组成的简单的物联网系统。但是总的来说，物联网有许多新的特点，这些特点导致物联网对于其网络的管理有新的要求。

5. 支撑技术

物联网支撑技术包括嵌入式系统、微机电系统、软件和算法、电源和储能、新材料等技术。

国内普遍认同的嵌入式系统定义为：以应用为中心，以计算机技术为基础，软硬件可裁剪，适应应用系统对功能、可靠性、成本、体积、功耗等严格要求的专用计算机系统。嵌入式系统技术是综合了计算机软硬件、传感器技术、集成电路技术、电子应用技术为一体的复杂技术，是实现物体智能的重要基础。无论是传感器、无线网络还是计算机技术中的信息显示和处理都包含了大量嵌入式系统技术和应用，嵌入式系统通常嵌入在较大的物理设备当中而不被人们所察觉，如手机、PDA，甚至空调、微波炉、冰箱中的控制部件都属于嵌入式系统。

微机电系统是支撑传感器节点微型化、智能化的重要技术，属于物联网的信息采集技术。微机电系统是指利用大规模集成电路制造工艺，经过微米级加工，得到的集微型传感器、执行器及信号处理和控制电路、接口电路、通信和电源于一体的微型机电系统。很多传感器的敏感材料难以用硅来替代，而传感器又都面临着小型化乃至微型化方面的强劲需求，所以微机电系统有了大显身手的机会。软件应用是物联网的灵魂，物联网最终的成功落地不仅需要运营商和服务商看准运营市场和价值，更需要具备成功的应用模式和典型应用。软件为物联网用户与硬件之间的交流提供接口，物联网中各种独立硬件的管理、协调工作，都需要软件来完成。软件作为物联网中的参与者将硬件系统当作一个整体而不需要顾及每个硬件是如何工作的。算法能够准确而完整地描述物联网中的解题方案，合适的算法能够为物联网解决问题提供更快更好的方法，为整个物联网系统的优化创造条件。

电源和储能是物联网关键支撑技术之一，高密度电池、采电、无线充电、超级电容等技术将在物联网的发展中扮演重要的角色。有了可提升锂电池性能的硅阳极技术的高密度电池，就有望提升电池性能且使其变得更小更轻。有些系统能从环境中采电，藉此向智能设备充电。

实例包括以震动、热源、太阳能电池、静电荷或环境中电磁辐射等机械运动所产生的电力。虽然采电通常只能产生少量电力，但对简单的感测及通信对象来说已经足够。像 MicroStrain 公司便推出了一款利用采电技术的应变力传感器节点。并非所有感测及通信对象都能以替换式电池或采电供给所需电力。举例来说，智能型服饰要换电池就很麻烦，此外像是植入皮下的医疗用传感器等前景被看好的物联网应用，也不可能更换电池。在无线充电联盟及对手组织 A4WP 赞助下，目前已有数款系统开始初期量产，其他仍处于研发阶段。此外，还有一种电源科技尚未针对物联网应用完全开发潜能，那就是超级电容，即储电能力超高的电容。

新材料是指新近发展的或正在研发的、性能超群的一些材料，具有比传统材料更为优异的性能。新材料技术则是按照人的意志，通过物理研究、材料设计、材料加工、试验评价等一系列研究过程，创造出能满足各种需要的新型材料的技术，材料创新已成为推动物联网发展的重要动力之一，也必将促进物联网的发展和产业的升级。新敏感材料的应用可以使传感器的灵敏度、尺寸、精度、稳定性等特性获得改善。

6. 标准化

物联网的标准化，既包括物联网各项技术的标准，也包括物联网运营过程中的标准。

物联网标准化的发展目前还处于初级阶段，没有统一的标准，会直接影响物联网行业客户范围的扩大，制约物联网产品应用的拓展，抑制物联网跨行业综合性融合平台的打造，限制物联网和通信网的无缝融合，对物联网的发展造成很大影响。

物联网的标准化，将对提高物联网运维系统的开发周期，推动物联网产业链的发展起到重要的作用，是当前国际物联网技术竞争的制高点。物联网的标准化是一项复杂的工程，既包括国家标准，也包括行业标准，涉及物联网发展的方方面面。在感知方面，涉及传感器等信息获取设备的电气和数据接口标准、感知数据模型标准、描述语言和数据结构的通用技术标准、RFID 标签和读写器接口和协议标准、特定行业和应用相关的感知技术标准等；在数据传输方面，涉及物联网网关标准、短距离无线通信标准、自组织网络标准、增强的机器对机器无线接入和核心网标准、网络资源虚拟化标准、异构融合的网络标准等；在应用方面，涉及物联网应用框架标准、信息智能处理技术标准、面向上层业务应用的流程管理标准、业务流程之间的通信协议、元数据标准、SOA 安全架构标准等。

4.2.4 物联网的应用

物联网被称为是继计算机和互联网之后的第三次信息技术革命。随着社会的发展，物联网在生活中必将扮演着越来越重要的角色。物联网的应用主要体现在以下几个方面。

1. 城市管理

随着城市化进程的加快，城市管理的对象和范围也更加复杂，传统的城市管理面临着很多问题，比如处理问题灵活度不够、突发事件应急能力不足、信息系统数据更新过慢等，现代信息技术的进步和发展，推进了复杂性科学的研究和发展，为城市管理提供了全新的理念和模式。另一方面，无线网络技术的发展为在城市管理引入物联网奠定了基础。所以，在城市管理中引入物联网技术作为城市管理体系中的信息体系与技术支撑体系，结合地理信息系统，能够为整个城市管理系统提供各种感知终端数据，并提供感知数据的传送通道，使实时的感知数据能够快速、准确、安全、高效地传送到管理系统中，如图 4-8 所示。

图 4-8　智慧城市示意图

物联网在城市管理方面的应用主要包括三部分：识别、监控和控制。目前的城市管理多是人工发现问题并输入待处理部件信息，需要大量人为操作，繁琐而且容易出错，且缺乏对城市监督员的管理手段，导致有些部件损坏了却不能被及时发现，延误了部件修复时效。利用 RFID 与城市部件相结合，通过射频远距离识别设备可方便地识别出城市部件的相关信息，再借助无线网络，将城市部件信息传抵后台管理系统，可有效改善城市监督员的工作质量。城市管理涉及多个业务管理部门，利用物联网搭建的平台，可以充分支持这些部门传感、监控网络的建设，具有广泛的空间覆盖，更可靠的网络传输，利用物联网提供的环境监测功能能够监控城市部件运行状态，及时发现城市事件并进行预警。物联网通过对城市水电气等资源的供给状况的监控，可根据需求及时调配资源，能够保证城市正常的生活秩序。物联网通过对城市危险地点的监控，可及时发现隐患并迅速调配相关资源进行处理，避免灾害的发生或者扩大，最后准确提供突发事件的结局信息，保障城市生活的安全。

物联网在城市管理中的应用远远不止上面提到的这些，目前，物联网的标准化正在进行中，物联网技术正在快速发展，随着新技术的不断出现，越来越多的技术都可以融入城市管理系统中，为城市管理提供越来越多的便利。

2. 定位导航

在互联网普及之前，当人们想要去陌生的地方购物时，往往需要做很多准备工作。首先需要找张地图，找到要去的商场，再研究好路线。然后还要翻阅报纸、杂志上面的各种信息，找出商场中各种打折店铺。如果逛街的时间较长，或许还得事先看看各种餐厅的广告，查好附近有哪些吃饭的地方，哪家餐厅比较美味实惠……。然而，不管事前谋划得如何充分详细，实际情况有时候并不会和人们预想的一样，因此还需要动态地调整方案，为此可能还要事先做好备用方案。

到了互联网时代，情况发生了变化。人们不再需要查询纸质地图，不再需要翻阅报纸。所有的一切，只需要连上互联网，通过搜索引擎搜一下，就都知道了。互联网时代将各种信息进行了整合，让人们可以快速便捷地获取各类信息，再根据这些信息来制订计划，付诸实施。然而人们依然需要事先做好准备，同时也无法预知计划外的情况。

到了物联网时代，情况再一次发生了巨大的变革。开车的时候用 GPS 定位自动导航，计算机就会自动算出最优的路线；而在逛街的时候，手机或者 PDA 可以自动根据当前的位置，查询附近店铺的优惠信息；准备吃饭的时候，手机也可以自动根据位置找到附近餐馆的信息，甚至可以给出电子菜单。人们的出行准备从过去的事前制订“万全之策”，变成“随机应变”，或者说是“以不变应万变”——出现的很多情况的变化都只需要打开移动设备进行查询就可以了。

随着感知技术和智能技术的不断发展，汽车导航系统也在不断进化。到了物联网时代，汽车导航技术又会怎样进化呢？物联网的一大特点是感知更加透彻，除了道路状况，还可以感知各种各样的要素——污染指数、紫外线强度、天气状况、附近的加油站……。同时还可以更深入地感知驾驶员的状况——健康状况、驾驶水平、出行目的……。路线选择的标准不再是“最快速到达目的地”，而是“最适合驾驶员，最适合这次出行”。

3. 零售

物联网是一个基于互联网、传统电信网等信息的承载体，是让所有能够被独立寻址的普通物理对象实现互联互通的网络。它具有普通对象设备化、自治终端互联化和普适服务智能化等重要特征，随着科技的进步，物联网在零售业的应用是行业发展的重要体现。要管理零售行业庞大的供应链，仅仅靠人工是远远不够的，将物联网相关技术融入零售行业供应链的建设中对企业的竞争力的提高具有重要意义。零售供应链作为连接生产、仓储、物流、销售的合作联盟，每天要处理大量的货物，物联网技术的应用将大大降低人工操作的错误率，提高零售行业的服务质量。通过物联网，零售业可以对商品的运输、仓储、销售、付款等各阶段的工作进行管理。在运输车辆上安装定位系统，可以实现运输过程的透明化，实时获取车辆行驶位置和商品位置状态，可以有效预防运输过程中的丢失和被盗事件。如果与路况信息相结合，面对堵车、修路等情况，对行车路线进行及时调整，可保证商品的运输过程通畅。待入库商品到位时，带有标签的商品通过仓库门口的阅读器获取入库信息和更新数据库，随后商品被放入储位。接着仓库管理员按照由系统生成的出货单找到待出库的商品，将商品下架并搬运到运输工具上。当载满商品的运输工具通过仓库门口时，阅读器获取出库信号上传至系统，系统数据库写入新信息。定期盘点时，仓库管理员使用手持设备对商品逐一扫描，通过无线网络把所有商品信息与系统内存储信息一一核对并返回盘点结果。零售业最大的难题就是商品断货，利用物联网，当库存的商品数量低于系统内设置的某个数量时，发出缺货警告可以尽快尽早督促供应商进行补货，提高商品的销售量。销售时将商品放置在可读 RFID 标签的货架上，可以对商品进行实时监控并及时提醒工作人员补货。此外还可以发现放置错误的商品使之及时归位，如图 4－9所示。零售业还存在商品失窃的问题，利用物联网，可以有效防止盗窃的发生，当商品被携带出安全区域，系统就会发出警示告知何种物品被窃。利用物联网可以及早发现已经或者快要到期的货品，提高商品质量特别是食品安全，还可快速准确地统计滞销产品。利用物联网，顾客选好所需的各种商品后，可以推着购物车进入可读 RFID 标签区域，直接得知商品价

图 4－9　物联网在零售行业的应用

格并且利用带 RFID 功能的信用卡(该信用卡既可以识别客人的信息又可以进行无现金的支付)进行付款,这样可以提高付款效率,减少顾客排队付款时间,提高顾客购物满意度。

4. 入侵预防

安防行业信息化的发展经历了视频监控、信号驱动及目标驱动三个阶段。其中,单一的视频监控已经不能满足人们对安全防护的需求。现阶段,利用物联网技术进行协同感知的新一代防入侵系统,采用"目标驱动"型的前端探测系统,实现对入侵目标的探测、定位、分类识别、轨迹跟踪等功能,并可通过前端探测设备与声光电联动机制,对攀爬翻越、掘地入侵、低空抛物、围栏破坏等行为发布警报信息,准确、及时报告入侵异常事件,记录报警时间、位置、图像等信息,并支持详细查询、打印,实现全天候的主动防护。在物联网安防传感中,不仅有视频传感节点,还有声音传感节点和震动传感节点,极大提高了防入侵能力。对于一些重点区域、关口可采用一些特征对象较强的辅助探测手段,比如激光扫描、红外幕帘、雷达或激光雷达等设备,能极大提高防入侵能力。

物联网防入侵技术在很多方面比传统技术有优势。比如物联网防入侵技术利用多手段协同感知,无漏警、低虚警,利用自适应机制抑制环境干扰,能够实现设备状态实时监控、远程维护与故障自检,负载均衡实现无故障运行,更能够定制化开发,实现系统与用户业务的高度耦合。目前基于物联网技术的周界安防系统已经在关乎公共安全的多个应用领域获得用户的认可,特别是机场、监狱等场所的应用尤为引人注目。物联网周界系统凭借着其对技术和市场的巨大影响力,必然能够在入侵预防领域扮演更加重要的角色。

5. 食品安全

近年来,食品问题不断被曝光,食品安全成为人们心中的"痛"。比如毒奶粉、地沟油等,给我们的健康带来了很大的隐患。物联网技术将给食品安全监管提供一种新的途径,可以实现食品的全程追溯,一旦出现问题,监管人员就能够通过该系统判断企业是否存在造假行为,企业内部也可借助该系统查找是哪个步骤发生了问题、责任人是谁,避免了由于资料不全、责任不明等给事故处理带来的困难,从而使问题得到更快解决,确保食品安全。

在食品安全领域,食品安全涉及很多环节,监管存在困难,我们利用物联网技术可以较好地实现食品种植、养殖、加工、包装、储存、运输、销售、消费等环节的数据采集和有效监管。把物联网技术应用于食品安全,建立食品安全监管追溯系统,具体地说,就是在食品生产的源头为食品提供一个 RFID 标签,对食品供应链中的食品原料、加工、包装、储存、运输和销售等环节进行全程的质量控制和跟踪,食品安全监管部门可以进行有效的监管,消费者也可以根据电子标签了解到所购食品的生产到销售等所有环节的动态信息,一旦出现食品安全问题,监管部门可根据生产和销售各个环节所记载的信息,追踪溯源,及时对产品进行召回,并找到生产、流通或加工过程中出现问题的环节,对责任单位和责任人进行处理。

物联网应用在食品安全方面能够实现下列功能。首先是食品数据的采集和分析,在食品生产的各个环节进行数据编码和图像数据的采集、传输和管理,通过该物联网快速反馈到食品监控系统,对食品生产流程各环节进行全程跟踪、监控、分析;其次是建立错误预报警机制,在食品加工过程中,通过控制该过程中的温度、湿度、浓度等相关数据的范围,实时上传食品加工过程中的数据给系统,当数据超出标准范围时,立即报警,并自行控制相关设备进行调节,可以避免食品加工过程导致的食品质量不合格,避免不必要的损失;第三,可视化远程监控,通过计算机连接基于物联网的食品安全监控系统的信息平台，随时观察和监控由食品生产加工现场传来的视频资料，通过该对现场各设备的远程监控，各部分分别发布信息和监管备案信息；第四，食品安全信息共享，系统以互联网为依托，向政府、食品企业、社会公众、食品行业组织等第三方机构提供各类信息服务；最后，实现食品安全信息可追溯，安装在食品生产和流通各控制点上的读写器，能够自动记录食品在整个供应链的流动信息，信息保留在支持海量存储和维护的物联网数据控制系统中，实现数据的查询和可追溯。

6. 数字家庭

随着计算机技术、通信技术和网络技术的发展，智能家电越来越多，加上移动通信设备的普及，数字家庭作为家庭信息化的实现方式，已成为社会信息化发展的重要组成部分。

智能家居产品融合自动化控制系统、计算机网络系统和网络通信技术，将音视频设备、照明系统、窗帘控制、空调控制、安防系统、数字影院系统、网络家电等各种家庭设备通过智能家庭网络联网实现自动化(如图 4-10 所示)，通过运营商的宽带、固话和无线网络，可以实现对家庭设备的感知和远程操控。例如无线智能调光开关可直接取代家中的墙壁开关面板，它不仅可以像正常开关一样使用，更重要的是它已经和家中的所有物联网设备自动组成了一个无线传感控制网络，可以通过无线网向其发出开关、调光等指令。无线温湿度探测器可以确切地知道室内准确的温湿度。其现实意义在于当室内温度过高或过低时能够提前启动空调调节温度。比如当你在回家的路上，家中的无线温湿度传感器探测出房间温度过高则会启动空调自动降温，等你回家时，家中已经是一个宜人的温度了。智能插座用于控制家电的开关，比如通过它可以自动启动排气扇排气，这在炎热的夏天对于密闭的车库是一个有趣且实用的应用。无线红外防闯入探测器主要用于预防非法入侵，比如当你按下床头的无线睡眠按钮后，关闭的不仅是灯光，同时它也会启动无线红外防闯入探测器自动设防，此时一旦有人入侵就会发出报警信号并可按设定自动开启入侵区域的灯光吓退入侵者。无线燃气泄漏传感器主要是探测家中的燃气泄漏情况，它无需布线，一旦有燃气泄漏会通过网关发出报警并通知授权手机。无线门磁、窗磁主要用于防入侵。当你在家时，门、窗磁会自动处于撤防状态，不会触发报警，当你离家后，门磁、窗磁会自动进入布防状态，一旦有人开门或开窗就会通知你的手机并发出报警信息。

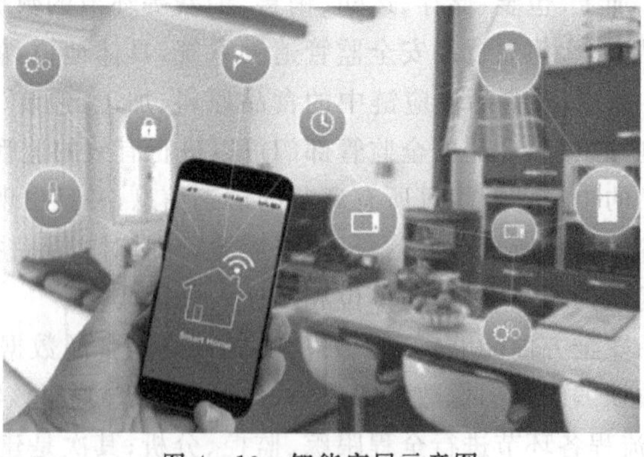

图 4-10　智能家居示意图

7. 数字医疗

在医疗卫生领域，物联网技术能够帮助医疗机构实现对人的智能化医疗和对物的智能化管理工作，支持医院内部医疗信息、设备信息、药品信息、管理信息的数字化采集、处理、存储、传输、共享等，实现物资管理可视化、医疗信息数字化、医疗过程数字化、医疗流程科学化、服务沟通人性化，能够满足医疗健康信息、医疗设备与用品、公共卫生安全的智能化管理与监控等方面的需求。

数字医疗中对医疗信息管理的需求主要集中在以下几个方面：身份识别、样品识别、病案识别。病患信息管理——病人的家族病史、既往病史、各种检查、治疗记录、药物过敏等电子健康档案，可以为医生制定治疗方案提供帮助；医生和护士可以做到对病患生命体征、治疗、化疗等信息实时监测，杜绝用错药、打错针等现象，并可自动提醒护士进行发药、巡查等工作。医疗急救管理——在伤员较多、无法取得家属联系、危重病患等特殊情况下，借助 RFID 技术的可靠、高效的信息储存和检验方法，可快速实现病人身份确认，确定其姓名、年龄、血型、紧急联系电话、既往病史、家属等有关详细资料，完成入院登记手续，为急救病患争取了治疗的宝贵时间。药品存储——将 RFID 技术应用在药品的存储、使用、检核流程中，可简化人工与纸本记录处理，防止缺货及方便药品召回，避免类似的药品名称、剂量与剂型之间发生混淆，强化药品管理，确保药品供给及时、准确。血液信息管理——将 RFID 技术应用到血液管理中，能够有效避免条形码容量小的弊端，可以实现非接触式识别，减少血液污染，实现多目标识别，提高数据采集效率。药品制剂防误——通过在取药、配药过程中加入防误机制，在处方开立、调剂、护理给药、病人用药、药效追踪、药品库存管理、药品供货商进货、保存期限及保存环境条件等环节实现对药品制剂的信息化管理，确认病患使用制剂之种类、记录病人使用流向及保存批号等，避免用药疏失，确保病患用药安全。医疗器械与药品追溯——通过准确记录产品使用信息和患者身份，包括产品使用环节的基本信息、不良事件所涉及的特定产品信息、可能发生同样质量问题产品的地区、问题产品所涉及的患者、尚未使用的问题产品位置等信息，追溯到不良产品及相关病患，控制所有未投入使用的医疗器械与药品，为事故处理提供有力支持。我国于 2007 年首先试验建立了植入性医疗器械与患者直接关联的追溯系统，系统使用国际物品编码系统(GSI)标准标识医疗器械，并在上海地区的医院广泛应用。信息共享互联——通过医疗信息和记录的共享互联，整合并形成一个发达的综合医疗网络，一方面经过授权的医生可以翻查病人的病历、病史、治疗措施和保险明细，患者也可以自主选择或更换医生、医院；另一方面支持乡镇、社区医院在信息上与中心医院实现无缝对接，能够实时地获取专家建议、安排转诊和接受培训等。新生儿防盗系统——将大型综合医院的妇产科或妇幼医院的母婴识别管理、婴儿防盗管理、通道权限相结合，防止外来人员随意进出，为婴儿采用一种切实可靠防止抱错的保护。报警系统——通过对医院医疗器械与病人的实时监控与跟踪，帮助病人发出紧急求救信号，防止病人私自出走，防止贵重器件毁损或被盗，保护温度敏感药品和实验室样本。

8. 现代物流管理

物流行业是我国振兴规划的十大产业之一，也是信息化与智能化应用的重要领域。通过实施物联网技术，可以获取基于感知的货物数据，可建立全球范围内货物状态监控系统，提供全面的跨境贸易信息、货物信息和物流信息跟踪。

物联网技术在物流产业的应用对物流产业的发展有极大的促进作用。物联网的应用从根本上提高了对物品生产、配送、仓储、销售等环节的监控水平，改变了供应链流程和管理手段，对于物流成本的降低和物流效率的提高具有重要意义。运用基于全球定位系统(GPS)的卫星导航定位、RFID技术、传感技术等多种技术，在物流活动过程中实现实时的车辆定位、运输物品监控，以及在线调度与配送的可视化与管理系统。运用传感、RFID、声、光、电、机、移动计算等各项先进技术，在物流配送中心实现全自动化管理，建立配送中心智能控制、自动化操作网络，从而实现物流、商流、信息流、资金流的全面管理。物联网在物流业中的应用将产生智慧生产与智慧供应链的融合，各个物流供应链的参与者可以按照预定的权限和流程各行其是，企业物流完全智慧地融入企业经营之中，信息流无缝链接，既可分工协作，又相对独立。物流实现信息化是如今物流行业的一种趋势，随着物联网技术在物流行业中的应用，加速了物流实现信息化的进程。物联网将物流行业带入到一个新的层次，使物流系统逐渐上升到自动化、智能化、可控化的发展模式中。

4.2.5 物联网面临的挑战

近几年，我国的物联网应用发展非常迅速，并在一定程度上在某些方面领先于全球发展水平。从物联网产业结构角度来看，物联网产业结构异常复杂，涉及终端制造商、系统集成商、网络运营商等诸多环节。物联网的应用虽然给我们的生活带来了诸多便利，但是也可能带来意想不到的问题。目前，物联网的发展在国家安全、隐私问题、商业模式、物联网的政策和法规、管理平台的形成、安全体系的建立与形成、应用的开发等方面面临着严峻的考验。

1. 国家安全

物联网的应用将由局部应用向整个社会层面普及，对于这一重大的科技革命造成的人类行为、生产、生活方式的改变，我们要有足够的警惕，预判其可能对政治、经济、文化、社会稳定、军事等各个方面造成的影响。

物联网产业链的整合，如果出现寡头垄断的趋势，将严重地威胁我国物联网的健康发展，除了在经济层面的影响，如果放任其做大，无约束地发展，将会对人民群众的生活带来不可预知的影响，破坏社会稳定、影响国家政权的安全。随着物联网的逐渐普及，信息安全问题呈现更加复杂的局面，当全世界互联成为一个超级系统时，系统安全性将直接威胁到国家安全。在未来物联网标准逐步统一的背景下，如果不能加紧制定和推出我们自己的标准，并将其广泛应用，对于确保我国未来掌握物联网发展的主动权、保护本国的经济利益和政治利益、维护国家的信息安全等都将产生不利的影响。

2. 隐私问题

隐私是当前高科技世界的一个热点话题。物联网在其早期发展中已暴露出隐私和数据泄露上的隐患。例如，一个用于监测长期患病者生命体征的医疗设备，监测仪将收集心跳频率和血糖水平等数据点，这些数据不是直接传送到医生办公室，而是先按传输路线被传送至本地中心暂时存储并处理，传输路径上的转载点越多，数据被窃取或受攻击的概率就越大。

人们对隐私的关心的确是合理的，事实上，在物联网中数据的采集、处理和提取的实现方式与人们现在所熟知的方式是完全不同的，在物联网中收集个人数据的场合相当多，因此，人们无法完全掌控私人信息的公开与否。此外，信息存储的成本在不断降低，因此信息一旦产生，将很有可能被永久保存，这使得数据被遗忘的现象不复存在。实际上物联网严重威胁了个人隐私，而且在传统的互联网中多数是使用互联网的用户会出现隐私问题，但是在物联网中，即使没有使用任何物联网服务的人也会出现隐私问题。确保信息数据的安全和隐私是物联网必须解决的问题，如果隐私得不到保护，人们将不会将这项新技术融入他们的环境和生活中。

3. 商业模式

物联网商业模式的发展思路是突出了运营商的主导地位，这种商业模式主要是根据客户群体和客户市场的需求共性的定位，发挥运营商和传感技术的服务优势，建立智能终端并推进各种智能应用，引发了应用创新和社会化及生活方式的深刻变化。但是，我国物联网市场的发展尚处于起始阶段，以运营商为主导地位的商业模式的发展动力主要来源于产业联盟和政府的推动，这就使得市场需求的研究与设计至关重要。然而，物联网理念中的智能产品的消费需求并不显著。因此，利用采购成本补贴等政府行为来发展物联网，是难以推动物联网商业模式的健康发展的。

物联网的商业模式在中国的发展是一个任重而道远的过程，它的实现将是一个涉及信息技术、社会观念、管理体系、应用模式等多方协调、合作及观念转变的过程。在这一过程中，在政府的引导下，在运营商的主导下，建立多方共赢的商业模式，激发参与者各方的参与热情，使参与者各方均有收益，物联网才能够真正拥有长效、可持续发展的动力。

4. 政策和法规

物联网不仅需要技术，它更是牵涉到各个行业、各个产业，需要多种力量的整合。这需要国家的产业政策和立法上的支持，要制定出适合这个行业发展的政策和法规，保证行业的正常发展。

政策的制定和提供可以有效地满足社会发展过程中的社会需要，解决社会发展过程中出现的一些问题，物联网的发展既是技术科技发展的客观要求，也是经济发展的迫切需要。在启动物联网行政立法之时，不仅要考虑立法自身的经济成本，而且还应考虑物联网自身对于制度的需求问题，这样才能使行政立法更具科学性。

5. 管理平台

未来平台建设将针对更宽领域、更广范围的物联网应用需求，进一步完善和加强物联网统一管理与公共服务平台，全面支撑跨行业、跨领域、跨平台的信息互联互通，完善国家平台和子平台的接口，加强平台主体和客体准入认证机制和信息安全，为建立面向工信部、公安部、交通运输部等多行业、多领域的子平台奠定基础。

6. 安全体系

物联网实现了人与人、物与物、人与物间的通信，大大扩展了信息通信的深度，其“所有权”特性导致物联网信息安全要求比以处理“文本”为主的互联网更高。随着物联网建设的加快，物联网的安全问题必然成为制约物联网全面发展的重要因素。在物联网的快速发展阶段，由于物联网场景中的实体均具有一定的感知、计算和执行能力，广泛存在的这些感知设备将会对信息安全构成新的威胁。由于物联网具有网络技术种类上的兼容和业务范围上无限扩展的特性，因此将可能导致更多的信息在任意时间任意地点被非法获取。

7. 应用的开发

要体现物联网的价值，必须使各个行业都参与进来进行，这需要一个物联网的体系基本形成,需要一些应用形成示范。更多的传统行业感受到物联网的价值,才会把自己的应用与业务和物联网结合起来。

4.2.6 物联网开发实战:Arduino

随着物联网的迅猛发展,各类家用、工业设备逐步趋于智能化,为了实现这一点,单片机功不可没。本节中,我们将一起认识目前较为流行的开发平台——Arduino。

1. Arduino 简介

Arduino 是一款便捷灵活、方便上手的开源电子原型平台。包含硬件(各种型号的 Arduino 板)和软件(ArduinoIDE)。该平台由一个欧洲开发团队于 2005 年冬季研发成功。

Arduino 构建于开放原始码 Simple I/O 界面版,并且具有使用类似 Java、C 语言的 Processing/Wiring 开发环境。主要包含两个的部分:硬件部分是可以用来做电路连接的 Arduino 电路板;另外一个则是 Arduino IDE,是计算机中的开发环境。你只要在 IDE 中编写程序代码,将程序上传到 Arduino 电路板后,程序便会告诉 Arduino 电路板要做些什么了。

Arduino 能通过各种各样的传感器来感知环境,通过控制灯光、电动机和其他的装置来反馈、影响环境。板子上的微控制器可以通过 Arduino 的编程语言来编写程序,编译成二进制文件,烧录进微控制器。对 Arduino 的编程是通过 Arduino 编程语言(基于 Wiring)和 Arduino 开发环境(基于 Processing)来实现的。基于 Arduino 的项目,可以只包含 Arduino,也可以包含 Arduino 和其他一些在 PC 上运行的软件,它们之间通过通信(比如 Flash、Processing、MaxMSP)来实现。

Arduino 名字的由来

马西莫·班齐(Massimo Banzi)之前是意大利 Ivrea 公司一家高科技设计学校的老师。他的学生们经常抱怨找不到便宜好用的微控制器。2005 年冬天,班齐跟戴维·夸铁利斯(David Cuartielles)讨论了这个问题。夸铁利斯是一个西班牙籍晶片工程师,当时在这所学校做访问学者。两人决定设计自己的电路板,并引入了班齐的学生戴维·梅利斯(David Mellis)为电路板设计的编程语言。两天以后,梅利斯就写出了程式码。又过了三天,电路板就完工了。班齐喜欢去一家名叫"di Re Arduino"的酒吧,该酒吧是以 1000 年前意大利国王阿尔杜伊 Arduin 的名字命名的。为了纪念这个地方,他将这块电路板命名为"Arduino"。

2. Arduino 优势

用 Arduino 制作作品或者进行产品开发的优势是很明显的,主要有以下几点。

1)跨平台

Arduino IDE 可以在 Windows、Macintosh OS X、Linux 三大主流操作系统上运行,而其他的大多数控制器只能在 Windows 上开发。

2)简单清晰

Arduino IDE 基于 Processing IDE 开发,对于初学者来说,极易掌握,同时有着足够的灵活性。Arduino 语言基于 Wiring 语言开发,是对 Avr-Gcc 库的二次封装,不需要太多的单片机基础和编程基础,简单学习后,可以快速进行开发。

3)开放性

Arduino 的硬件原理图、电路图、IDE 软件及核心库文件都是开源的，在开源协议范围内可以任意修改原始设计及相应代码。

4)社区与第三方支持

Arduino 有着众多的开发者和用户，可以找到他们提供的众多开源的示例代码、硬件设计。例如，可以在多个网站找到 Arduino 第三方硬件、外设、类库等支持，更快更简单地扩展 Arduino 项目。

5)硬件开发的趋势

Arduino 不仅仅是全球最流行的开源硬件，也是一个优秀的硬件开发平台，更是硬件开发的趋势。Arduino 简单的开发方式使得开发者更关注创意与实现，可更快地完成自己的项目开发，大大节约了学习的成本，缩短了开发的周期。

3. Arduino 系列控制器

Arduino 系列控制器有各种各样的型号，如 Arduino Uno、Arduino Leonardo、Arduino101、Arduino Mega 2560、Arduino Nano、Arduino Micro、Arduino Ethernet、ArduinoYún、Arduino Due 等。常用的主要有以下 3 种：

1)Arduino Uno

Arduino Uno(如图 4－11 所示)是 2011 年 9 月 25 日在纽约创客大会上发布的。Arduino Uno 以 AVR 单片机 ATmega 328p 为核心，其中字母 p 表示低功耗 picoPower 技术。Arduino Uno 中单片机安装在标准 28 针 IC 插座上，这样做的好处是项目开发完毕，可以直接把芯片从 IC 插座上拿下来，并把它安装在自己的电路板上。然后可以用一个新的 ATmega 328p 单片机替换 Uno 板上的芯片，当然，这个新的单片机要事先烧写好 Arduino 下载程序(运行在单片机上的软件，实现与 Arduino IDE 通信，也称为 bootloader)。用户可以购买烧写好的 ATmega 328p，也可以通过另外一个 Arduino Uno 板自己烧写。Arduino Uno 还有一款采用贴片工艺的版本，命名为 Arduino Uno SMD。

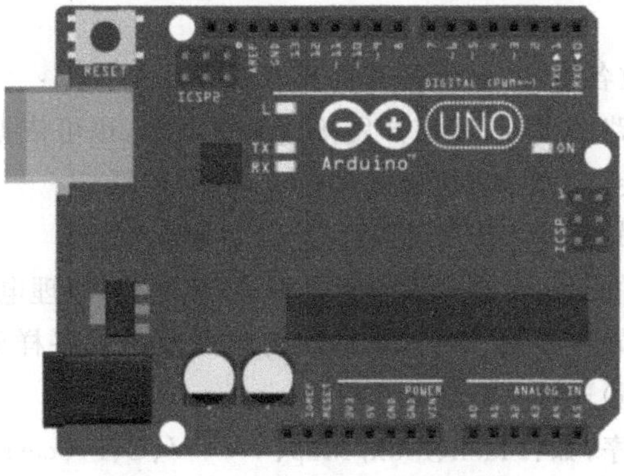

图 4－11　Arduino Uno 开发板

2)Arduino Mega

Arduino 是一个系列，除了流行的 Arduino UNO 外，还有一些常用的开发板，Arduino Mega2560(如图 4－12 所示)就是其中的一种。Mega 和 UNO 的主要区别在于处理器，ATmega 2560 比 ATmega 328p 内存更大，外围设备更多。Mega 的 PCB 也要大一些，但保持了和标准 Arduino 接口的兼容，在右边增加了 3 个扩展插座，PCB 的长度增加了约 1 英寸

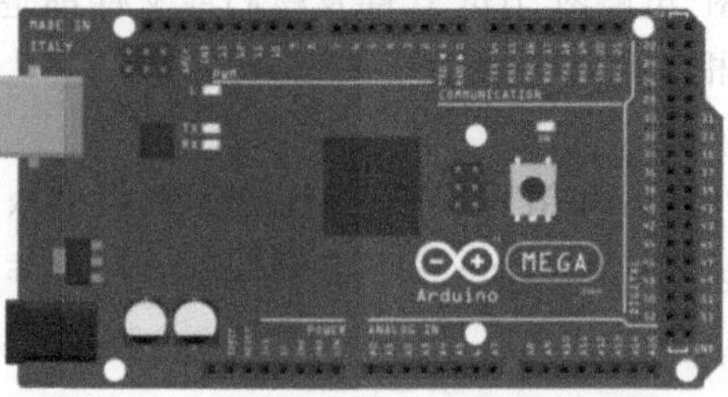

图 4－12　Arduino Mega 2560 开发板

(2.54 mm)，电路其他部分基本和 Arduino Uno 是一样的，外形和功能几乎都兼容 Arduino UNO。

3) Arduino Nano

Arduino Nano(如图 4－13 所示)是 Arduino Uno 的微型版本，去掉了 Arduino Duemilanove/Uno 的直流电源接口及稳压电路，采用 Mini-B 标准的 USB 插座。Arduino Nano 的尺寸非常小，可以直接插在面板上使用。Arduino Nano 和 Arduino Uno 在使用上几乎没区别，注意在 IDE 中选对开发板型号。

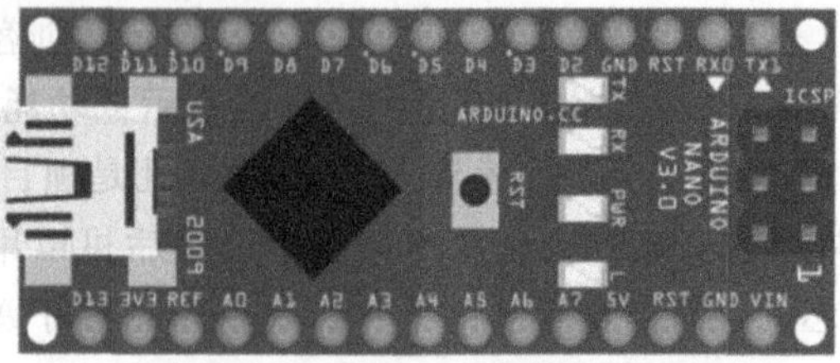

图 4－13　Arduino Nano 开发板

本书的实验采用的是 Arduino Uno，具体使用方法和实验案例参考本书配套的实验指导书。

这些控制器虽然参数各有不同，但是其都具有以下几个特点：

(1)开放源代码的电路图设计，程序开发接口免费下载，也可依据需求自己修改；

(2)可以采用 USB 接口供电，也可以外部供电，双向选择；

(3)Arduino 支持在线烧写(ISP)，可以通过 USB 更新程序；

(4)可依据官方提供的 Eagel 格式的印制电路板(PCB)和原理电路图(SCH)简化 Arduino 模组，完成独立运作的微处理控制。可简单地与传感器及各式各样的电子元件(红外线、超音波、热敏电阻、光敏电阻等)连接；

(5)支持多种互动程序，如：Flash、Max/Msp、VVVV、C、Processing 等；

(6)应用方面，利用 Arduino，突破以往只能使用鼠标、键盘等输入的装置的互动内容，可以更简单地达成单人或多人游戏互动。

4. Arduino 创意作品

因为 Arduino 的种种优势，越来越多的专业硬件开发者已经或开始使用 Arduino 来开发他们的项目、产品；越来越多的软件开发者使用 Arduino 进入硬件、物联网等开发领域；大学里，自动化、软件甚至艺术专业，也纷纷开展了 Arduino 相关课程。下面我们一起欣赏下 Arduino 的部分创意作品。

1)首款完整机器人平台

Arduino 发布了名为 Arduino Robot 的首款完整机器人(如图 4-14(a)所示)。这款机器人将两个圆形 Arduino 板叠在一起。上部的 Arduino 板名为"Control Board",主要读取主板传感器的各种数据并且内置处理器进行相应的计算处理。

机器人身上装备了一些常见的传感器设备,比如数字罗盘、红外感应器,彩色液晶屏、扬声器等。这款机器人还能进行各种编程,能够通过 USB 连接到电脑上。

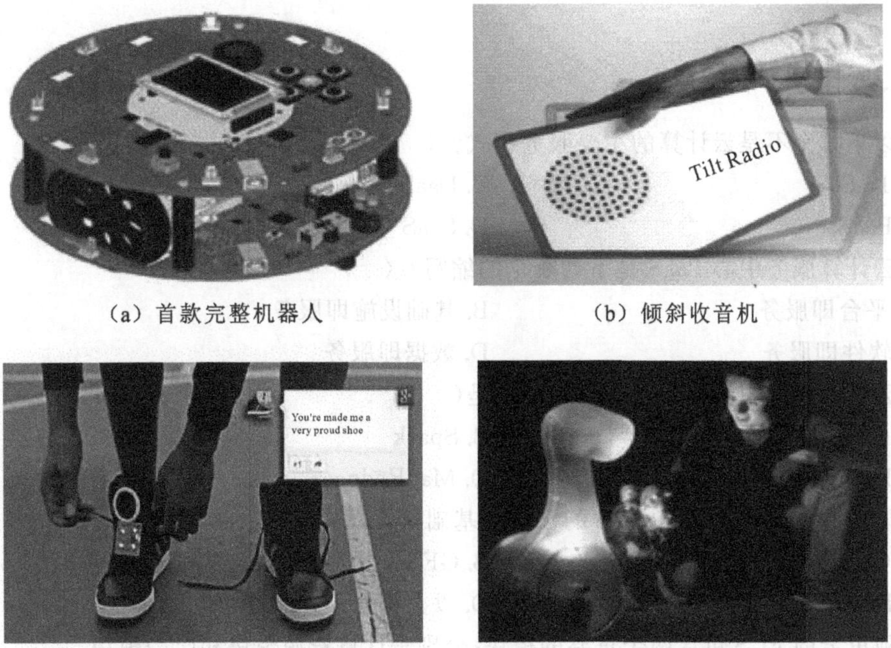

(a) 首款完整机器人　(b) 倾斜收音机

(c) 会说话的运动鞋　(d) 智能照明灯

图 4-14　Arduino 创意作品

2)倾斜收音机

"Tilt Radio"倾斜收音机(如图 4-14(b)所示)是以色列设计师的作品,他利用 Arduino 来研究交互设计中的极简主义。设计师将收音机和使用者体验等元素全部剥离,仅留下必要部分——收音机的 AM/FM(调幅/调频)系统,设计师甚至把物理上的调节按钮也去掉了。使用者通过将收音机左右倾斜来实现波段和频道调节,省去了传统的调频按钮。在用户体验方面,收音机倾斜的位置还反映了使用者的收听频率和习惯。

3)会说话的运动鞋

这款阿迪达斯帆布胶底运动鞋(如图 4-14(c)所示)内置有 Arduino 控制板,板上连接有陀螺仪、加速度传感器、压力传感器、喇叭和蓝牙等,它判断穿戴者的活动与行走路径,时不时地用英国男人忠告式的腔调说一些鼓励的话或不耐烦的话。当你坐着不动,它会说:"超级无聊。"而当你运动跳跃时,它会说:"我喜欢鞋带上有风的感觉。"你也可以自己进行个性化的设置。

4)智能照明灯

一名捷克学生通过Arduino编程,设计了一台能够自动寻找黑暗角落并将其照亮的机器人灯(如图4-14(d)所示)。这款灯采用了S形仿生外观设计,由底部的轮子、配重块、主体程序和头部聚光灯组成。设计者还赋予了它"生命"——当它发现黑暗或者光线不足的角落,就会停下来在原地做出前后俯仰的动作,如同在兴奋地炫耀它的劳动成果。

习题

一、选择题

1.以下哪个不是云计算的主要服务模式?( )

A. IaaS　　B. DaaS

C. PaaS　　D. SaaS

2.云计算服务中心PaaS是下列哪个的缩写?( )

A.平台即服务　　B.基础设施即服务

C.软件即服务　　D.数据即服务

3.云计算中采用的一种并行编程模式是( )。

A. Chubby　　B. Spark

C. Hadoop　　D. MapReduce

4.以下哪个系统属于Google的云计算基础架构模式?( )

A. Chubby　　B. GFS

C. BigTable　　D.以上都是

5.阿里云的ECS包含两个重要的模块,分别是计算资源模块和( )模块。

A.存储资源　　B.网络资源

C. CPU资源　　D.内存资源

6.以下哪个不是Arduino的特征?( )

A.跨平台　　B.简单清晰

C.社区与第三方支持少　　D.开源

7.2009年,温家宝总理提出了( )的发展战略。

A.智慧中国　　B.和谐社会

C.感知中国　　D.感动中国

8.首次提出物联网概念的著作是( )。

A.《未来之路》　　B.《信息高速公路》

C.《扁平世界》　　D.《天生偏执狂》

9.物联网的核心和基础仍然是( )。

A. RFID　　B.计算机技术

C.人工智能　　D.互联网

10. 云计算中，提供资源的网络被称为（　）。

A. 导线　　　　B. 数据池

C. 云　　　　D. 母体

二、思考题

1. 什么是云计算？什么是物联网？用你自己的话进行解释。

2. 分析云计算和物联网的关系。

3. 搜集生活中云计算的应用案例，并分析它们主要是哪个层面的应用（IaaS、PaaS、SaaS）。

4. 观察生活中物联网的相关应用，试着说出用到了物联网的哪些技术。

5. 尝试用 Arduino Uno 开发板做一些有趣的实验。

第5章　从比特币到区块链

2008年10月31日，一位化名中本聪(Satoshi Nakamoto)的人在发布的白皮书*Bitcoin: A Peer-to-Peer Electronic Cash System*中提出了比特币(bitcoin)的概念，并在2009年公开了最初的实现代码。首个比特币于UTC时间(国际协调时间)2009年1月3日18:15:05生成。比特币作为点对点(P2P)形式的虚拟加密货币在其诞生之初很多人并不看好它的价值，一个名叫拉斯洛·豪涅茨(Laszlo Hanyecz)的程序员在2010年的时候用一万个比特币购买了两个披萨，当时一枚比特币价值仅为0.003美分，而2021年4月9日，比特币的即时交易价格为58286.21美元。

如果说比特币是影响力巨大的社会学实验，那么从比特币核心设计中提炼出来的区块链技术则让大家看到了塑造更高效、更安全的未来商业网络的可能。2014年开始，比特币背后的区块链技术开始逐渐受到大众关注，并进一步引发了分布式记账本(distributed ledger)技术的革新浪潮。

区块链技术现在已经脱离比特币网络，在金融、贸易、征信、物联网、共享经济等诸多领域崭露头角。现在，除非特别指出是"比特币区块链"，否则当人们提到"区块链技术"时，往往所指已经与比特币没有什么必然联系了。

区块链作为一个短时间在网络和现实中迅速蹿红的词汇，对于普通人而言，首先它是陌生的、抽象的，与平日里所熟知的事物存在区别。有的人将其视为一个巨大的商机或机会，也有的人对于区块链存在一定的恐慌，认为区块链可能会对其所从事的行业或工作产生颠覆性的影响。但无论你对于区块链的态度如何，无论它是否会产生这样或那样积极、消极的影响，你都应当对它有全面清晰的认识，来规划指引你未来的生活和工作。

本章主要介绍区块链这一新领域，首先从比特币这一区块链的最知名应用谈起，依次讲述区块链的发展、原理及其核心技术，然后介绍区块链和数字货币的关系，最后分享区块链的重要应用案例，并提示相关的金融骗局。

5.1　什么是区块链

区块链(blockchain)，字面意思就是由(交易数据的)区块所组成的链条。为了更好地理解区块链的概念，我们先了解一个最早且最被人熟知的区块链应用——比特币。

比特币，最初由中本聪提出，是一种P2P形式的数字货币。点对点的传输，意味着这是一个去中心化的支付系统。与人民币、日元、美元等传统货币相比，比特币的发行有两个明显的特征：首先，比特币没有固定的发行方，而是通过网络节点计算产生的，只要具备了相应条件，任何人都可以参与制造比特币；其次，根据比特币协议，比特币的发行是限量限速的，这就决定了比特币不会无限量发行。

简单了解了比特币之后，那么我们该如何理解区块链本身呢？其实，区块链本质上是一个去中心化和信任化的数据库，是一连串使用密码学方法产生关联的数据块，其利用数据存储、点对点传输、共识机制、加密算法等，让每个数据块都包含某一段时间内网络上交易的数据信息，以用于验证信息是否有效，并生成下一个区块。可以说，区块链(如图5-1所示)是一个利用去中心化和去信任化的方法，依靠集体来共同维护的、可靠的数据库技术方案。

图5-1　区块链示意图

通俗一点说，区块链是一场全民参与的记账，所有的系统背后都有一个数据库，你可以把这个数据库看成一个巨大的账本。当然，这个大账本并非由特定的人来记账，取而代之的是一种软件。每个人都在不同的设备上独立记账，而区块链是一个巨大的平台，每个设备上所记的账都会在这个平台上展示出来。各方通过这种方式建立联系，加强信任，一旦一方出现问题或者遇到紧急情况，则可以由一个人通知到所有人，避免人与人一对一传话，节省了沟通成本。

那么，这样记账能够保证准确无误吗？

首先，我们要明白，区块链属于一种技术方法，可以实现不同类型的业务，不论大小，不分类别。虽是独立记账，但双方或者多方记账的结果必须保持一致。这就要求记账的双方或者多方必须遵守约定俗成的游戏规则——系统会对客户端软件记账的内容进行统计归纳，以最佳的记账数据为标准，公布给客户端的每个人。每个客户端收到数据后，将自己的记账数据与之进行比对，若匹配，则没有问题；若不匹配，则说明记账有误，需要进行查验纠正，直到符合要求，再记录到自己的账本之中。

可以说，区块链颠覆了传统的网络交易模式。区块链的信息节点在网络上，每个参与的客户端都有机会去竞争记账，参与的人越多，数据越精准。所记账目首先存储在一个数据区块中，记录完毕后对外发布，然后由所有参与人进行核对，确认无误后再记回到自己的账本之中。

对于记账最符合标准的人，因为他们付出了比其他人更多的时间和精力，区块链为其制定了一套奖励机制，同时也鼓励大家在遵守游戏规则的前提下，都争取到这份奖励。

有人提出了新的问题，是否存在冒用他人身份进行恶意破坏的现象呢？其实这大可不必担心，区块链系统是通过密码算法来实现的，具体来说是通过一种叫公开密钥算法的机制来实现的。密钥分为私钥和公钥。私钥自己操作和保管，而公钥则可以对外公开，交给真正有需求的人。拿到公钥的人并不能直接使用，而是需要通过一系列流程对其进行身份验证，说白了就是需要实名认证才可以使用公钥，否则公钥是发挥不了任何作用的。

公钥的实名认证对那些想投机倒把的人有强大的约束力，那么，私钥是不是没有任何意义呢？其实不然，公钥和私钥必须配合使用才可能发挥其真正的意义。公钥加密的数据要用对应的私钥来解密，同样道理，私钥加密的数据也必须用对应的公钥来解密，若无法对应，即便同时拿到公钥和私钥也是无效的，没有办法使用。这一机制，不仅保证了区块链的规则有序运行，更保障了交易的安全性。

通过以上介绍，我们大致了解了区块链的概念及应用的基本原理。简单来说，就是大家在一个共同的区域内各自独立记账，然后根据统计分析选出最适合的参照数据，并对每个人的数据进行验证，保证大家都能够积极、主动、正确地记账。每个客户都有一对密钥，通过系统，可在网络中定向发送最有价值的数据，保证双方健康、有序、快速地完成交易。

5.2 区块链的发展阶段

区块链在全球掀起一股金融科技狂潮，世界各大金融机构、企业争相研究区块链技术，对人们的生活产生了广泛而深刻的影响。区块链从诞生到现在，主要经过了三个发展阶段。

第一阶段：区块链 1.0

此阶段主要应用在可编程货币上，以比特币为代表。数字货币的各种买卖，是人们参与区块链的最主要形式。在 1.0 阶段，人们热衷于关注数字货币的价格，如怎样获得它，怎样才能发挥数字货币的最大价值。同时，1 万比特币兑换两个披萨的事件，将虚拟货币与现实实物联系到了一起，对于区块链的发展，具有里程碑式意义。

大家都知道，比特币是一个全新的数字化虚拟支付系统，其去中心化和基于密钥的毫无障碍的货币交易模式，在保证安全性的同时也大大降低了交易成本，对传统金融体系可能产生颠覆性的影响。它刻画出了一幅理想的交易愿景——全球货币统一，货币发行流通不再依靠各国的中央银行。

但是，凡事都有两面性，作为新生技术的区块链当然也不例外。比特币去中心化的特性意味着政府无法监控，极容易出现价格上的剧烈波动（如图 5－2 所示）。此外，比特币的区块大小无法满足频次越来越高的交易，仅限于数字货币的交易和支付功能也使得区块链技术无法进入普通人的日常生活。

区块链 1.0 设置了全新的货币起点，但是要构建全球统一的区块链网络还有很长的路要走。

第二阶段：区块链 2.0

区块链 2.0 阶段主要应用在金融领域，以智能合约的开发和应用为主要特征，其在数字货币的基础上，加入了智能合约等系列的见证协议，可以优化更多金融领域的实务和流程。以太坊是区块链 2.0 的核心代表。

以太坊是由维塔利克·布特林（Vitalik Buterin）构建的一个底层区块链系统，在此系统之上，可以支持任何复杂运算的分布式程序运行。国内外大量区块链项目都在以太坊基础上建立，应用最广泛的非属金融领域不可。

金融业或将成为最先迎来区块链风口的领域。随着数字货币的快速发展，很多金融机构引入了区块链技术，开启了可编程金融之路。现在我们耳熟能详的股票、私募股权都是区块链可编程金融的初步尝试领域，金融交易所也在积极尝试利用区块链技术实现股权登记、转让等

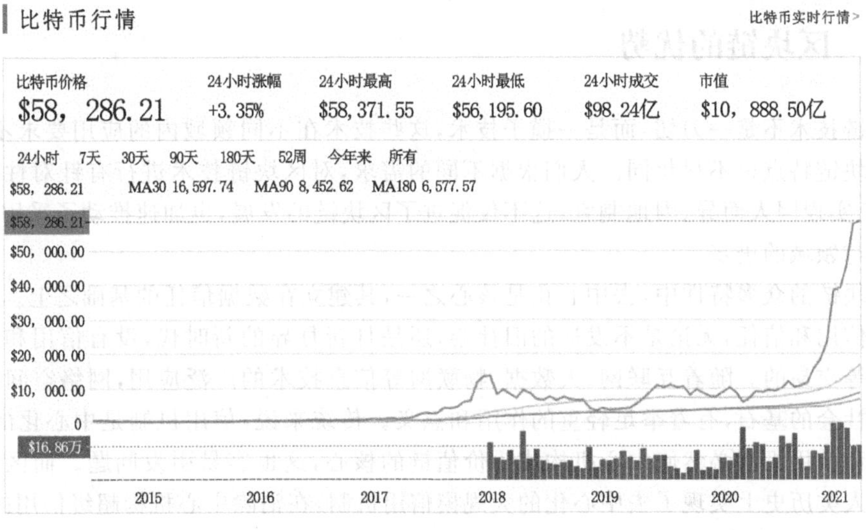

图 5-2　比特币行情

功能。

目前商业银行基于区块链的应用主要有：

(1)点对点交易：如基于点对点的跨境支付、贸易结算、金融衍生品合约的买卖等；

(2)登记：区块链具有可信任可追溯的特点，因此，可作为可靠的数据库来记录各种信息，如运用存储的客户身份资料及交易进行记录；

(3)认证：如土地所有权、股权等转让合约或者财产的真实性验证等；

(4)智能管理：即利用智能合同，自动检测是否具备生效的各种环境，一旦满足了预先设定的程序，合同会自动处理，比如自动付息、分红等。

包括商业银行在内的金融机构都开始研究区块链技术并且尝试将其运用到实践中去，现有的传统金融体系正在逐渐被区块链技术所颠覆。

第三阶段：区块链 3.0

区块链 3.0 指区块链扩展延伸到其他领域进行大规模商业化。区块链 3.0 阶段，应用范围已经超出了金融领域，致力于为各行业提供去中心化解决方案。

在区块链 3.0 时代，区块链技术在金融行业以外的其他领域也逐渐变得热门起来。区块链应用的领域将扩展到人们生活的方方面面，比如医疗、司法、物流等。区块链可以解决信任问题，人们不再需要依靠第三方获取或建立信任，大大提高了人们的办事效率。

其实，区块链 1.0、区块链 2.0、区块链 3.0 之间并非递进的关系，而是三个平行发展的阶段，在各自的领域内发挥自己应有的作用。通过区块链技术，许多应用和工具能够进入可编程姿态和智能姿态，完成非常复杂的操作。总之，比特币的成功及金融领域的尝试性运用，使社会对区块链的关注度和投资热度不断上涨，区块链的发展进入了黄金时代，我们必须抓住这一机遇，为社会创造更多的价值。

5.3 区块链的优势

区块链技术不是一刀切，而是一揽子技术，这些技术在不同领域内的应用要求不同，最终形成的区块链特点也不尽相同。人们根据不同的需求，对区块链技术进行有针对性的组合和创新，真正实现因人而异、因地制宜，这不仅促进了区块链的发展，也加速推动了采用区块链技术的行业与领域的进步。

在区块链的众多特性中，去中心化是核心之一，其建立在数据信任的基础之上。顺利的交易离不开信用和信任，无论是不发达的旧社会，还是日新月异的新时代，没有信用和信任是难以建立平等交易的。随着互联网、大数据、物联网等信息技术的广泛应用，网络空间的信用作为数字化社会的基石，有着举足轻重的作用和意义。传统来说，信用机制是中心化的，而中心化的信任和信用机制必然使中心机构成为价值链的核心，这也容易引发问题。而区块链技术则首先在人类历史上实现了去中心化的大规模信用机制，在消除中心机构超级信用的同时，保证信用机制安全、高效地运行。

区块链的优势主要体现在以下几方面。

1. 简化交易流程，提高工作效率

区块链具有去中心化的特点，它实现了点对点的直接对话，无须借助其他中间介质建立信任，减少了流程，能够显著提高工作效率。区块链技术是参与方之间通过共享信息、共享共识而建立起来的公共账本，因此区块链中的信息自始至终都是参与方彼此认可的，且信息可溯源、不可篡改，原来众多重复验证的流程和操作就可以被简化和省略，从而提高工作效率。

2. 降低交易双方的信用风险

在传统的网络交易中，由于彼此面对的都是陌生人，互相不了解，因此，要想交易，必须借助有良好信用基础的第三方平台。比如，在淘宝购物，付款时并非将钱直接支付给卖家，而是先将钱支付到第三方平台支付宝上，当确定交易没有问题之后，第三方平台将钱支付给卖家。这一流程，的确保证了双方的利益，但与此同时，也给彼此和第三方平台增加了劳动强度。与传统交易需要彼此信任不同，区块链交易使用智能合约等方式，保证交易多方完成相应的义务，确保交易的安全，从而降低双方的信用风险。

3. 降低成本，提升资产利用效率

由于区块链的去中心化信任机制，区块链技术可以实现实时的交易清算和结算，从而减少结算和清算的时间，降低结算和清算的成本。最明显的对比就是我们去银行办理业务时，需要拿号排队、柜台对账、结算、清算等，花费大量的时间和精力，而如果采用区块链技术，这些流程都可以被简化，大幅度节省工作时间，提高工作效率。与此同时，交易中的资金锁定时间减少，资金流动加速，提升了资产的利用效率。

4. 提升监管效率，避免欺诈行为出现

区块链技术下的智能合约不可撤销、不可抵赖、不可篡改，参与方自动合规合理，交易过程完全透明，从技术上规避了欺诈行为。例如，在基于区块链的反药品伪造项目中，每个厂家生产的药品都会附带相应的生产时间记录，包括药物的整个供应流程，均保存在区块链上，这样相关部门就可以随时检测药品的生产时间和地点，从而有效对抗市面上的假药，对保护患者生命健康具有十分重要的意义。我们可以设想，如果未来人们通过各种形式的区块链实现自己的需求，那么，全社会将形成一种新的运作体系，人与人之间彼此信赖，自发监管，带来的经济效益和社会效益将是颠覆性的。

5.4 区块链核心技术

针对区块链的算法，目前国内有两种理解方式：一种是指具体的哈希算法，比如 SHA256；另一种是指共识机制，比如工作量证明机制、权益证明机制等。之所以存在两种不同的理解方式，是因为最初从国外引进文献资料时，对概念的翻译比较模糊。很明显，二者属于不同的概念范畴，显然不能混为一谈，但是二者均为区块链体系中的重要组成部分，是区块链技术的基石。本节将对区块链中的哈希算法、公钥密码算法、共识算法及智能合约等几个核心技术进行简单的介绍。

5.4.1 哈希算法

哈希(hash)这个词对大多数计算机从业者来说并不陌生。哈希函数是一种数学函数，可以将任意长度的字符串，在有限的时间内，压缩为一个较短的、固定长度的二进制值，这个输出值我们称之为哈希值或者散列值(如图 5-3 所示)。

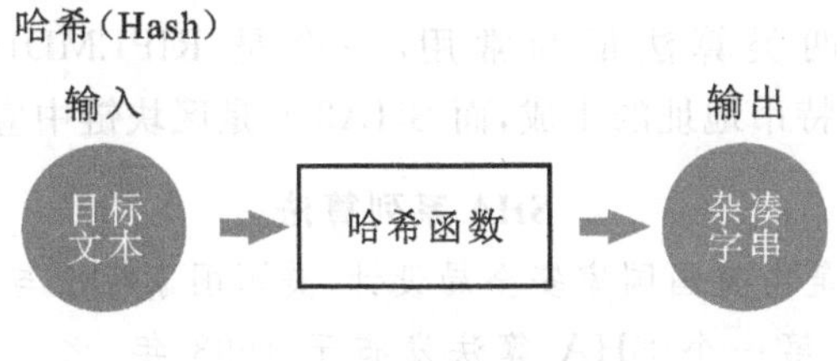

图 5-3　哈希算法示意图

哈希算法以哈希函数为基础，在现代密码学中扮演了非常重要的角色。它常常用于实体认证和实现数据完整性，是多密码体制和协议的安全保障。

哈希算法在区块链中有着广泛的应用。比如，既可以表示数据的实际内容又能够指示数据存储位置的哈希指针(hash pointer)，可进行快速查找的布隆过滤器(Bloom filter)，用于区块头和简单支付验证(SPV)的默克尔树(Merkle tree)，工作量证明等。可以说，哈希算法贯穿区块链系统的方方面面。

那么，哈希算法该如何鉴定呢？在密码学上，哈希算法拥有以下性质：第一，函数的输入可以是任意长的字符串；第二，函数的输出是固定长度的字符串；第三，函数的计算过程是有效率的。综合来说，哈希算法就是通过一个方法，将输入的任意字符串转换成一个固定长度的值，这个值相当于一个新的身份证号，通过哈希算法计算出的结果无法通过任何算法还原出原始的数据，即它具有单向性，因此，哈希值能被当作“身份证号”，适用于需要进行身份验证的场合。同时，它的高灵敏度，也可以用于判断数据是否完整，只要数据发生变化，哪怕变化十分微小，重新计算后的哈希值也会与之前的不一样。

为了保证密码学上的安全性，哈希函数一般都必须满足以下两个条件。

1. 抗碰撞性

哈希函数的抗碰撞性是指寻找两个能够产生碰撞的消息在计算上是不可行的。简单来说，如果输入值不同，输出结果也不同。这就好比我们买火车票，理论上，购买同一趟列车的车票时，不同身份证号买到的座位号是不一样的。必须说明的是，找到两个碰撞的消息在计算上不可行，并不意味着不存在两个碰撞的消息。哈希函数是把大空间上的消息压缩到小空间上，碰撞肯定存在，只是计算上是不可行的。

2. 可隐藏性

哈希算法是一种单向密码体制，只有加密过程，没有解密过程，也就是说，即便有人事先知道了哈希函数的输出结果，想要伪造，也不可能在足够的时间内破解其输入值。这个特性可以应用在防伪方面。比如，有人想伪造公园门票，因为门票是公开的，大家都看得到摸得着，这种传统的制票技术很容易让人钻空子，而哈希函数相当于给制票增加了一道隐匿的工艺，让造假者明知道输出的样子，却无法造出一模一样的票来。

哈希算法固定的输出值与多种多样的原始数据，注定了存在不同原始数据输出同一个哈希值的可能。理论上，当原始数据的数量极其庞大时，就有可能出现这样的情况。以邮件系统的抗垃圾邮件算法为例，全世界的邮件地址多如牛毛，格式也千变万化，针对这一情况，通常会对邮件地址进行多种哈希计算，将计算出来的多个哈希值联合起来，综合判断是否存在相同的邮件地址，这也是布隆过滤器的基本原理。

在哈希算法中，有两类算法最为常用，一个是 RIPEMD160，另一个是 SHA256。RIPEMD160 主要用于比特币地址的生成，而 SHA256 是区块链中应用最广泛的算法。

SHA 系列算法

SHA 系列算法是由美国国家安全局设计，美国国家标准与技术研究院发布的一系列密码散列函数。第一个 SHA 算法发布于 1993 年，之后变体相继发布，包括 SHA1、SHA224、SHA256、SHA384 和 SHA512，后 4 个也被称作 SHA2 算法。SHA256 算法是 SHA2 算法簇中的一类。

SHA256 是安全哈希算法(secure hash algorithm，SHA)系列算法之一。对于任意长度的消息，SHA256 都会产生一个 32 字节（即 256 位长度）的数据，称作消息摘要，故称为 SHA256。

SHA256 是一个迭代结构的哈希函数，其计算过程分为两个阶段：预处理和主循环。预处理阶段，主要完成消息的扩展和填充，将所有原始消息转化为多个 512 位的消息块，之后进入主循环阶段，利用 SHA256 对每个消息块进行压缩处理，当最后 1 个消息块处理完毕后，输出最终值，即所输入原始消息的 SHA256 哈希值。

SHA256 是构造区块链的主要哈希函数。在传输的过程中，数据很可能会发生改变，这时候就会产生不同的消息摘要。为保证数据的完整性，无论是区块的头部信息还是交易数据，我们都使用 SHA256 去计算相关数据的哈希值来验证数据的完整性，检查数据是否发生了变动。同时，基于寻找给定前缀的 SHA256 哈希值，区块链系统中设计了工作量证明的共识机制。SHA256 也被用于构造比特币地址，以识别不同的用户。

5.4.2　公钥密码算法

公钥密码算法是现代密码学发展过程中的一个里程碑。公钥密码算法中的密钥分为公开密钥和私有密钥。公开密钥(公钥)与私有密钥(私钥)是用户或系统产生的一对密钥,其中的一个公开,称为公钥,另一个自己保留,称为私钥。如果用公钥对数据进行加密,那么只有用对应的私钥才能解密;如果用私钥对数据进行加密,那么只有用对应的公钥才能解密。由于公钥与私钥之间存在依存关系,所以只有用户本身才能解密信息,而加密和解密使用的是两个不同的密钥,所以这种算法也被叫作非对称密码算法。举例来说,如果 A 要使用公钥密码算法向 B 传输机密信息,则 A 首先要获得 B 的公钥,并使用 B 的公钥加密原文,然后将密文传给 B,B 使用自己的私钥才能解开密文。

公钥密码算法有两个重要原则:第一,要求在加密算法和公钥都公开的前提下,其加密的密文必须是安全的;第二,要求所有加密的人和掌握密钥的解密人的计算或处理比较简单,而其他不掌握密钥的人,破译极其困难。

在公钥密码算法的研究中,其安全性都是基于数学上难解的可计算问题,如:大数分解问题、计算有限域的离散对数问题、平方剩余问题、椭圆曲线的对数问题等。基于这些问题,公钥密码算法生成了各种公钥密码体制,椭圆曲线密码算法和 RSA 加密算法是其中的两个重要方面。

1. 椭圆曲线密码算法

椭圆曲线是满足一个特殊方程的点集,注意,不要跟标准椭圆方程混淆。在几何意义上,一个椭圆曲线通常是满足一个变量为 2 阶,另一个变量为 3 阶的二元方程。按照这样的定义,椭圆曲线有很多种,而椭圆曲线密码算法是基于椭圆曲线数学的一种公钥密码算法,其主要的安全性在于利用了椭圆曲线离散对数难题。

椭圆曲线密码算法实现了数据加解密、数字签名和身份认证等功能,该技术具有安全性高、生成公私钥方便、处理速度快和存储空间小等方面的优势。相对于其他公钥密码算法,椭圆曲线密码算法在实际开发中运用得更广泛,比如,比特币就是使用了椭圆曲线中的 SECP256k1 算法,为比特币系统提供 128 位的安全保护。

2. RSA 加密算法

RSA 加密算法是以它的 3 个发明者罗思·里夫斯特(Ron Rivest)、阿迪·萨米尔(Adi Shamir)和伦纳德·阿德尔曼(Leonard Adleman)(如图 5-4 所示)名字姓氏的首字母组合命名的。RSA 加密算法是一种常见的非对称加密算法,是目前最有影响力的公钥加密算法,它能够抵抗到目前为止已知的所有密码攻击,已被国际标准化组织推荐为公钥数据加密标准。RSA 的安全性基于一个十分简单的数论事实:将两个大素数相乘十分容易,但想要对其乘积进行因式分解却极其困难,因此可以将乘积作为加密密钥。RSA 的公钥和私钥是一对大数,将一个公钥和密文恢复成明文,等价于分解两个大素数之积,这是公认的数学难题。

RSA 的安全性基于大数因数分解难题,但并没有从理论上证明破译 RSA 的难度与大数因数分解难度等价,无法从理论上把握它的保密性是 RSA 的重大缺陷。不过,RSA 从提出到现在三十多年,经历了各种攻击考验,被认为是当下最安全的公钥方案之一。当然,RSA 也存在其他的缺点,比如产生密钥很麻烦、受限于素数产生的技术、分组长度太大、运算代价高、速

图 5-4 RSA 算法的 3 个发明人

度慢等。

与对称密码技术相比较，利用非对称密码技术进行安全通信，通信双方事先不需要通过保密信道交换密钥，安全性高，密钥持有量大大减少，易于管理，同时还能够提供对称密码技术很难提供的服务，比如与杂凑函数联合运用可生成数字签名等。

5.4.3 共识算法

区块链共识算法的核心之一是拜占庭协议。拜占庭将军的故事大概是这样的：拜占庭是东罗马帝国的首都，拥有巨大的财富，周围有 10 个邻邦，对首都的财富垂涎已久。但拜占庭高墙耸立，固若金汤，任何一个邻邦入侵都会失败，同时自身也有可能被其他邻邦入侵。拜占庭帝国的防御能力非常强，至少要 10 个邻邦一半以上同时进攻，才有可能被攻破。如果其中一个或者几个原本答应一起进攻的邻邦在行动时发生叛变，那么入侵者可能都会被歼灭。于是，每一方都小心行事，彼此不敢轻易相信。这就是拜占庭将军问题(如图 5-5 所示)。

拜占庭将军问题的实质就是要寻找一个方法，使得将军们能在一个有叛徒的非信任环境中建立对战斗计划的共识。与拜占庭将军问题的环境类似，在去中心化系统中，特别是在区块链网络环境中，每个将军都有一份与其他将军实时同步的消息账本，账本里有每个将军的签名，从而可以验证将军的身份。一旦出现签名不一致的情况，我们就可以知道是哪些将军发生了叛变。尽管叛变的拜占庭将军可以任意地进行破坏，比如不响应消息、发送错误信息、对不同节点发送不同决定等，但是，只要超过半数的将军同意进攻，那么少数服从多数，就完全有可能实现共识。

在去中心化系统中，要达成共识，必须寻找一个共同算法和协议并且满足以下属性：

(1)一致性：所有的非缺陷进程都必须同意一个值；

(2)正确性：如果所有的非缺陷进程有相同的初始值，那么所有非缺陷进程所同意的值必须是同一个初始值；

(3)可结束性：每个非缺陷进程必须最终确定一个值。

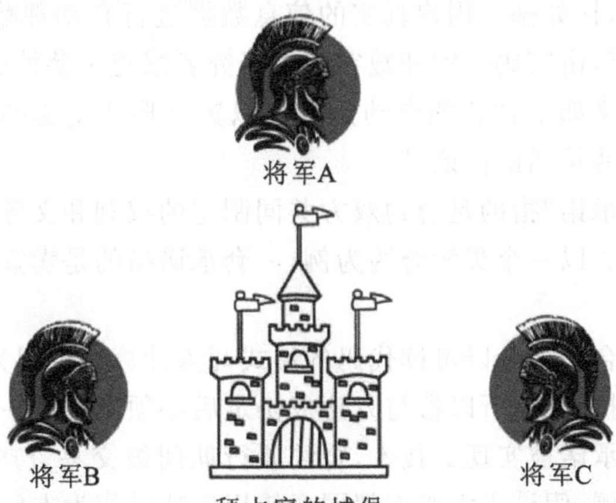

图 5-5　拜占庭将军问题

要想最终实现共识算法，一般需要采用工作量证明机制（POW 算法）或权益证明机制（POS 算法）。这里主要介绍比特币系统使用的 POW 算法。

区块链是一个基于互联网的去中心化账本，每个区块相当于账本页，交易内容是区块中记录的信息主体。账本内容的唯一性，要求记账行为必须是一个中心化的行为。然而，一旦中心化的系统中某个单点出现错误，就可能令整个系统面临危机甚至崩溃。去中心化记账可以克服中心化账本的弱点，但同时也会带来记账行为不一致的问题。在去中心化记账系统中，每个节点都会保留一份完整的记账本，但是大家不能同时记账，否则会导致每个节点收到不同的信息，失去记账的一致性，从而产生混乱。因此，到底谁有权记账，我们需要有一个共识机制来决定。

比特币系统设计了以每个节点的计算能力（即"算力"）来实现去中心化系统记账的一致性问题。

那么，如何来判定谁的记账算力最优秀呢？这就需要一个考量的标准——工作量证明。简单地说，工作量证明就是一份确认工作端做过一定量工作的证明。工作量证明机制的主要特征是计算的不对称性。工作端通过一定难度的工作得出一个结果，而验证方通过结果可以很容易地检查工作端是不是做了相应的工作。

工作量证明机制下的共识记账是通过一个什么流程来完成的呢？

在客户端产生新交易的时候，客户端会主动向全网进行广播，要求各个节点对交易进行记账，每个记账节点一旦收到该请求，就会将交易信息纳入一个区块中，通过工作量证明机制，尝试在自己的区块中，找到一个具有足够准确度的工作量证明。当某个节点找到了一个工作量证明，它就会向全网进行广播，当且仅当包含在该区块中的所有交易都有效且之前从未存在过时，其他节点才认同该区块的有效性，即它们能够接受该区块，并跟随该区块的末端制造新的区块，从而延长整个区块的链条。

5.4.4　智能合约

智能合约（smart contract）指的是基于区块链中不可被随意篡改的数据自动执行一些预

先设定好的规则和条款，比如基于用户真实的信息数据进行自动理赔的医疗保险。其最早的概念可以追溯到1995年，由密码学家和数字货币研究者尼克·萨博(Nick Szabo)提出。尼克·萨博对智能合约的定义如下："智能合约是一套以数字形式定义的承诺(promises)，合约参与方可以在上面执行这些承诺的协议。"

在该定义中，"一套承诺"指的是合约双方共同制定的权利和义务，合约的本质和目的都将通过这些承诺体现出来。以一个买卖合约为例，一套承诺指的是卖家承诺发送货物，买家承诺支付合理的货款。

"数字形式"指的是合约将会以可读代码的形式写入计算机。因为智能合约建立的权利和义务是通过计算机网络执行的，所以参与方达成协定后必须完成这一步操作。

"协议"指的是合约承诺被实现的技术，合约履行期间被交易资产的本质决定了协议的选择。还是以买卖合约为例，假设买卖双方都同意使用比特币作为支付方式。在这种情况下，双方选择的实现合约承诺的技术就是比特币协议，智能合约将会在比特币协议上实现。在这里，用比特币脚本语言的数字形式定义合约承诺。

区块链使智能合约有机会用于现实生活中，并扩大了区块链的应用范围，更多的指令将会通过区块链智能合约来执行。由于智能合约完全是代码定义和执行的，所以实现了完全自动而且人工无法干预的模式。智能合约的操作方式是由其自治、自足、去中心化的三大特征决定的。

(1)自治指的是智能合约一旦启动就会自动执行整个过程，包括发起人在内的任何人都没有能力进行干预；

(2)自足指的是智能合约通过加强服务或者发行资产的方式来获取资金；

(3)去中心化指的是智能合约的运行系统是分布式的，没有中心化的服务器，而且通过网络节点自动运行。

尼克·萨博认为，智能合约最简单的形式就是自动售卖机。二者的道理是一样的，用自动售卖机买东西，只要放入钱，选择商品，商品就会自动掉出。操作相同，结果相同。而智能合约只要有预先设定好的代码，就会一直按照代码来执行，代码相同，执行结果相同。

在商业领域，很多问题的执行依赖于信任，这使执行变得非常复杂，而智能合约帮助大家解决了这一难题。当高效的全自动执行系统替代了低效的人工判断机制，智能合约在最小化信任的基础上让事情变得更加便捷。

当前，因为无法保证遗嘱的真实性而导致的遗嘱诉讼案件非常多，遗嘱的表述模棱两可或者无法处理而造成解读分歧，这也是发生遗嘱诉讼案件的原因之一。

下面以智能遗嘱为例，看智能合约的应用。假设"如果父亲去世，儿子在结婚后才可以获得其财产"是一个智能遗嘱。这个交易事件需要到未来某个事件发生或者未来某个时间点被触发才能执行合同。第一个条件是父亲去世，系统首先会扫描一份在线死亡数据库证明父亲已经去世；第二个条件是儿子结婚，当智能合约确认了死亡信息后，程序会设定一个交易日期，一旦通过婚姻信息在线数据库扫描到儿子登记结婚，就会自动发送财产到儿子名下。

区块链智能合约在遗嘱执行方面的应用已经被一些公司关注，比如 Blockchain Apparatus 公司。Blockchain Apparatus 公司是美国 Blockchain Technologies 集团启动的众多创业公司之一。该公司致力于研究基于区块链技术的新应用，目前从事一些法律领域方面的研究，这为法律服务行业提供了新的发展方向。

智能遗嘱

Blockchain Apparatus 公司已经开发了一些区块链投票创新应用，并且开始研究执行遗嘱的区块链智能合约。将遗嘱管理交给软件来运行，无须人为控制，这在历史上第一次有可能实现，而且这一创新应用必将在未来改变人们管理自己财产的方式。

Blockchain Technologies 公司的法律顾问成员艾瑞克·迪克逊(Eric Dixon)认为："智能遗嘱或者更广泛的智能合约文件击中了大部分家庭和法院诉讼代理人的心。它在一个可定义且固定的时间内为立遗嘱人的真实意愿提供了更有力的证据。"

艾瑞克·迪克逊还强调说："区块链智能遗嘱可以保证遗嘱的真实性，排除伪造的可能性，使遗嘱的维护变得更容易，使法院获得事实的速度加快。"

区块链技术允许遗嘱修改，每次修改存储在其原始状态，而不需要经过繁杂的法律程序。艾瑞克·迪克逊解释说："区块链将文件创作和提交到区块链的信息全部记录下来，很容易就能证明遗嘱的存在。这样一来，猜测一份遗嘱签订的时间将是一件愚蠢的事情，因为区块链给出了最好的答案。"

智能遗嘱只是一个开始，智能合约还将会改变政府、企业及个人管理文件的方式。总而言之，智能合约有着广泛的应用领域，但产业化之路还需要大家共同探索。智能合约应用到现实世界里有两大难题：

第一个难题是智能合约难以把控实物资产，保证合约的有效执行。以售货机为例，售货机通过将商品保存在内部硬件中严控财产所有权，但是代码应当怎么做呢？在期权智能合约中，"exercise"功能需要在合约双方之间转移现金和股份资产，但是计算机程序要怎么控制现实世界的现金、股份等资产呢？

第二个难题是智能合约难以获得合约双方的信任。对于合约代码及解释和执行代码的计算机，合约双方需要有一个共享的标准，可以验证计算机是否有问题。

当前，区块链技术的发展应用还处于探索阶段，但是没有人怀疑区块链将会解决智能合约面临的两大难题。

首先，区块链使得计算机代码可以控制现实资产，保证了智能合约的有效执行。区块链数字货币可以使现实资产转化为计算机代码，从而控制现实中的资产。在区块链上，资产的控制不需要控制实物，而是控制资产对应的密钥。因此，在上述案例中，期权智能合约就可以控制合约相关资产，而不需要代管机构。一旦启动"exercise"功能，代码执行就可以完成资产转移，无须人力参与。

其次，区块链解决了信任难题。区块链的功能不仅限于数据库，还可以记录资产所有权及执行代码的分布式计算机。期权持有者可以将购买的期权上传并存储在区块链中，并根据指令执行。区块链这一优势同样适用于执行智能合约。一旦区块链记录了合约代码，合约方就可以确定合约不会被更改。

区块链智能合约离我们的生活并不遥远。证券交易所、银行及其他金融机构都在积极研究开发区块链相关应用，希望可以实现利用区块链技术记录和交易现实资产的功能。

目前，通过区块链技术将智能合约的应用真正落地还处于研究探索期，但是区块链是人类发现的首个可以实现智能合约商业用途的技术。

5.5 区块链与数字货币

2016年以来,以比特币为代表的数字货币受到各国关注,各国政府纷纷采取行动。2016年1月20日,中国人民银行(以下简称“央行”)数字货币研讨会在北京召开,并表示将争取早日发行央行数字货币。

央行表示,基于区块链技术的数字货币有望实现去中心化结算。通过央行的表态可以发现,央行对区块链技术有着客观、深刻的理解,而且肯定了区块链技术比现有的电子货币优势更大。

中国人民银行原副行长王永利指出:“数字货币是应用互联网新技术构建全新的货币体系下的货币,这必将对传统的货币发行、货币政策、清算体系、金融体系等产生极其深刻的影响。同时,新的货币体系与传统货币体系、新的金融体系与传统金融体系如何平稳过渡值得关注。”

截至2017年2月4日,央行推动的区块链数字票据交易平台已经测试成功。而且央行旗下的数字货币研究所也在2017年上半年正式挂牌成立。这意味着央行成为全球范围内首个研究数字货币及真实应用的中央银行,并率先探索了区块链技术在货币发行领域的应用。

那么,央行建立区块链数字票据交易平台对我们的现实生活有什么影响吗?答案是肯定的,大家可以想象一下:不久,过年发的红包不再是纸质钞票,而是一串串的数字密码,我们可以通过发送邮件、复制到U盘里或者通过手机将红包直接发送给别人。

你或许会问了,这跟用微信、支付宝发红包不一样吗?需要明确的是,数字货币与电子支付方式的感受类似,但是微信、支付宝等电子支付方式交易时所用的钱都是通过银行账户而来的,也就是说即便用支付宝、微信交易,我们使用的依然是银行里的钞票。而数字货币本身就是一种具有支付和流通属性的货币,交易时不需要支付宝、微信等第三方中介。

中国人民银行为什么要开发数字货币?为什么将票据市场作为数字货币的第一个试点应用场景?区块链靠谱吗?如果你心中存在这些疑惑,那么看看中国人民银行参事盛松成如何说:

> “区别于已有的电子形式的本位币,安全芯片、移动支付、可信可控云计算、区块链、密码算法等技术是将来数字货币可能涉及的领域。所以,未来的央行数字货币会从多个方面倒逼金融基础设施建设,让我国支付体系进一步完善,支付结算效率进一步提升。更值得一提的是,央行数字货币最后可以构成大数据系统,让经济交易活动的便利性和透明度进一步提高,这将有利于货币政策的有效运行和传导。”

另外,盛松成还总结了央行开发数字货币的四个好处:

第一,数字货币有利于监管当局在必要时追踪资金流向,减少洗钱、逃税漏税、逃避资本管制等非法行为。“现有的数字货币技术不仅可以记录每笔交易,还可以追踪资金流向。与私人数字货币截然相反,监管当局可以采取可控匿名机制,掌握央行数字货币使用情况,补充现有的监测控制体系,从而增强现有制度的有效性。”

第二,数字货币所具有的信息优势使货币指标准确性更高。央行数字货币形成的大数据系统,不仅有利于提升货币流通速度的可测量度,还有利于更好地计算货币总量、分析货币结构,这将进一步丰富货币指标体系并提高其准确性。

第三,数字货币有利于监管当局进行全面监测和金融风险评估。 央行数字货币被全社会普遍接受并使用后,整体的经济活动的透明度会大幅度提高,监管当局可以根据不同的需要收集不同机构、不同频率的完整、实时、真实的交易账簿,这就可以为货币政策和宏观审慎政策提供庞大的数据基础。”

第四,数字货币技术完善了我国货币政策的利率传导。 只有被全社会广泛认可的央行数字货币才可以把此优势辐射给不同的金融市场参与者,进而提升不同金融市场间的资金流动性和单个金融市场的市场流动性。这将降低整个金融体系的利率水平,使利率期限结构更平滑,货币政策利率传导机制更顺畅。”

综上所述,央行开发数字货币不仅仅是为了取代纸币现金流通,还是为了适应形势发展、紧跟时代潮流,保留货币主权的控制力,对货币发行和货币政策产生了积极的服务作用。

2020 年 8 月 14 日,商务部网站刊发《商务部关于印发全面深化服务贸易创新发展试点总体方案的通知》,通知明确,在京津冀、长三角、粤港澳大湾区及中西部具备条件的试点地区开展数字人民币试点。全面深化试点地区为北京、天津、上海、重庆(涪陵区等 21 个市辖区)、海南、大连、厦门、青岛、深圳、石家庄、长春、哈尔滨、南京、杭州、合肥、济南、武汉、广州、成都、贵阳、昆明、西安、乌鲁木齐、苏州、威海和河北雄安新区、贵州贵安新区、陕西西咸新区等 28 个省市(区域)。读者在阅读本书的时候,可能已经体验过数字货币的方便与快捷了。

5.6　区块链应用的全球进展

在各国政府积极支持的情况下,区块链在全球范围内的发展现状有着非常良好的氛围,这也使区块链技术越来越被大众所关注。区块链有着非常强大的生命力,正在由外而内地渗透进各行各业(如图 5-6 所示)。下面介绍区块链应用的全球进展情况。

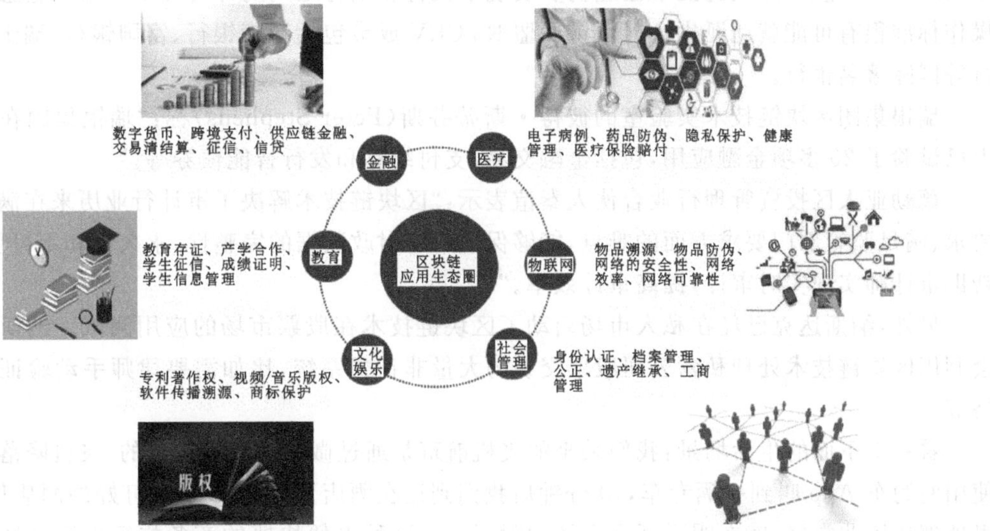

图 5-6　区块链应用场景概览

高盛集团(Goldman Sachs)是华尔街顶级投行之一,总部在美国纽约。作为世界财富 500

强企业之一，高盛集团的业务范围涵盖投资银行、证券交易和财富管理。2016 年年初，高盛集团发布报告表示，区块链技术已经做好准备要颠覆这个世界。此前，高盛集团已经和中国 IDG 资本联手向区块链创业公司 Circle Internet Financial 投资 5000 万美元。

2016 年 5 月底，高盛集团发布《区块链：将理论应用于实践》报告，展示了区块链将在金融服务、共享经济及房地产领域如何大显身手。

作为比特币的底层技术，区块链对传统技术的突破在于建立了以 P2P 为基础的去中心化新体系。区块链系统的去中心化使整个网络内的自证明功能成为现实，由中心化的第三方机构进行统一的账簿更新和验证已经成为过去。

行业人士称，比特币是区块链技术的第一个应用，比特币良好的发展状态证明区块链通过去中心化和去信任的方式集体维护一个可靠数据库的方式是可行的。很多华尔街投行都对区块链技术表示相当看好，而高盛只是其中之一。

《区块链：将理论应用于实践》报告开篇称："关于区块链技术的讨论，在过去一直都是抽象的，关注的焦点也都是市场去中心化及去第三方中介的机会，现在我们将关注重点从理论转向实践，研究区块链技术在现实世界中的应用场景。"高盛关注的区块链应用有 5 个，分别是构建信用体系、实现分布式供电网络、降低房地产交易成本、提高股票交易结算和清算效率、用于客户身份核验。

除了高盛公司以外，华尔街其他顶级投行也纷纷向区块链技术抛出橄榄枝。前摩根大通高管、信用违约互换(CDS)之母布莱斯·马斯特斯(Blythe Masters)加入数字货币公司 Digital Asset Holdings，出任 CEO；包括纳斯达克、花旗、Visa 在内的金融行业大咖也向区块链领域大把砸钱，它们联合投资了一家区块链初创公司 Chain，涉及金额高达 3000 万美元；花旗、摩根大通等顶级投行还向区块链初创公司 Digital Asset 投资了 5000 万美元。

由 10 多家国外大型银行组成的区块链联盟 R3 CEV 对外宣称已经成功实现了区块链技术，在 VR 环境下，区块链技术已经初步实现了银行和银行之间的即时交易。未来金融行业的操作标准很有可能就此诞生。区块链联盟 R3 CEV 成员包括花旗银行、富国银行、瑞士信贷银行等国际著名银行。

瑞银集团区块链技术实验室的彼得·斯蒂芬斯(Peter Stephens)称："瑞银集团在区块链上已试验了 20 多项金融应用，包括金融交易、支付结算和发行智能债券等。"

德勤亚太区投资管理行业合伙人秦谊表示："区块链技术解决了审计行业历来在满足公众要求、满足监管部门要求方面的难点，能够保证所有财政数据的完整性、永久性和不可更改性，帮助审计师实现实时审计，提高审计效率。"

另外，纳斯达克已经在私人市场启动了区块链技术在股票市场的应用测试。纳斯达克将会利用区块链技术处理私营公司股票交易的大量非正式系统，比如需要律师手动验证电子表格等。

看一下下面的生活场景：我们乘坐的飞机航班是通过微信公众号预定的，飞机降落后我们使用网约车 App 叫到一辆专车，10 分钟后我们到达在酒店预订 App 上预订好的酒店房间，这里地理位置非常好，就在明天开会会场的附近……这种方便快捷的商务旅行生活已经成为一种常态，只要使用当今众多的应用软件就可以实现，比如去哪儿、美团等。在移动互联网时代，这些应用软件几乎如影随形。

我们想象一下 10 年后，区块链技术改变了我们的生活，我们可以立即找到提供各种服务的供应商，交易过程更加快捷，不需要借助任何第三方平台。

在未来世界里，区块链使用户获取所有服务的渠道都处于同一个网络中，就像邮件一样采用 P2P 的方式，从而省去加入第三方平台的繁冗手续。而且这个网络中的信息交互都是通过分布式运算引擎上运行的加密算法自动完成的，不会受到任何个体或组织的控制。

在这种环境下，区块链将各种移动应用背后的复杂机制转变成了更完美的系统，帮助用户预订飞机票、订车、订酒店，顺便为用户提供几首喜爱的歌曲。

P2P 基金会的核心成员及都柏林圣三一学院的讲师蕾切尔·奥德威尔(Rachel O'Dwyer)表示："区块链创造了一种可信的数字货币和会计系统，使人们不必向美联储这样的集中式媒介求助。"

非营利公共信托组织 XDI.org 的网络主席菲尔·温德利(Phil Windley)认为："区块链非常复杂，这是因为人们希望通过区块链技术解决的问题也很复杂。回想一下 20 世纪 80 年代的光景，当时的人们如果想要给一些计算机建立局域网的话，面临的互联网协议也是异常复杂的。当然，与区块链相比，那些协议还是更简单一些，但是在当时的技术背景下，那就与区块链一般复杂。"

5.7　区块链金融骗局

区块链，作为一项崭新的、跨时代的伟大技术，正在不断刷新着人们的想象，改变着整个世界。无论是蒸汽机、互联网还是区块链，一切技术的演变都充满了机遇与挑战。

比特币诞生并逐渐引起人们的关注，区块链技术和加密数字货币也开始走进人们的视野，在世界范围内一批又一批区块链项目应运而生。近年来，一种新型众筹融资方式兴起，并被区块链项目广泛应用。这是一种基于区块链技术，通过向公众发行加密数字货币或代币从而筹得资金的融资方式，被称为首次币发行(initial coin offering，ICO)。

ICO 因其方便、快捷及门槛低的特点被新兴区块链项目的创业团队所青睐。但作为一种新兴的融资模式，ICO 也因为发行审核制度及信息披露制度的不完善引发了大量问题。不少进行 ICO 的区块链项目通过白皮书等途径发布虚假信息、炒作宣传及隐瞒项目真实情况，欺瞒并误导投资者投入资金，最终给投资者带来了巨大的损失。

电影《华尔街之狼》(如图 5-7 所示)主角原型、前"仙股"经纪人贝尔福特称，首次币发行"比我做过的任何一件事恶劣得多"。

贝尔福特曾因证券欺诈和洗钱罪入狱 22 个月，他将 ICO 热潮比作 20 世纪 70 年代和 80 年代风靡一时的"盲池"(blind pool)，当时公司从投资者那里筹资，但不说明筹资所得的用途。很多资金盲池在没有做成一笔投资的情况下清盘，但经纪人早已收取了大笔佣金。"ICO 的发起者继续对人们实施一场最严重的大规模行骗，"他说，"也许 85％的人没有恶意，但问题是，如果有 5％或 10％的人想骗你，那就是一场要命的灾难。"

贝尔福特说："这是史上最大骗局，如此巨大的一场骗局将会在众人眼前搞得不可收拾。它比我做过的任何一件事恶劣得多。"

2017 年 9 月 4 日，央行等 7 部委联合发文，发布的《关于防范代币发行融资风险的公告》中，制定了 ICO 监管的六条原则，将 ICO 明确定性为"涉嫌非法发售代币票券、非法发行证券及非法集资、金融诈骗、传销等违法犯罪活动"，并要求"各类代币发行融资活动应当立即停

图 5-7 《华尔街之狼》电影海报

止”，表示它“严重扰乱了经济金融秩序”。而英国监管机构表示，投资者要为代币价值降为零的结局做好准备。

习题

一、选择题

1. 区块链运用的技术不包含哪一项？（ ）

A. 哈希算法　　B. 密码学

C. 共识算法　　D. VR

2. 以下哪个不是区块链特性？（ ）

A. 不可篡改　　B. 去中心化

C. 高升值　　D. 可追溯

3. 拜占庭将军问题解决了以下哪个问题？（ ）

A. 分布式通信　　B. 内容加密

C. 共识机制　　D. 投票机制

4. 比特币的发明人中本聪是？（ ）

A. 日本人　　B. 美国人

C. 一个团体　　D. 目前仍为匿名

5. 以下场景中，肯定不是区块链金融骗局的是（ ）。

A. 虚拟币 ICO　　B. 虚拟货币交易

C. 使用各国央行发行的数字货币　　D. 某比特币期货交易平台

二、思考题

1. 除了比特币之外，你还听说过哪些基于区块链的数字代币？

2. 你所想象的未来社会与区块链技术结合会是什么场景，选取一个场景进行描述。

3. 你觉得“去中心化”是不是区块链技术的最核心创新？如果不是，为什么？

第 6 章　人工智能与大数据

这是一个科学技术日新月异的时代，身处这个时代洪流里的每一个人都在亲身经历着，无论是学习、工作还是日常生活，曾经人们幻想中的一幕幕情景正在逐渐变成现实。这一切的背后，是一场正在深刻地改变着我们的生活与社会的科技浪潮——人工智能与大数据。

人工智能(artificial intelligence，AI)是当前科学技术迅速发展及新思想、新理论、新技术不断涌现的形势下产生的一门学科，也是一门涉及数学、计算机科学、哲学、认知心理学和心理学、信息论、控制论等学科的交叉和边缘学科。人工智能主要研究用人工的方法和技术，模仿、延伸和扩展人的智能，实现机器智能。人工智能的长期目标是实现人类水平的人工智能。自人工智能诞生以来，取得了许多令人瞩目的成果，并在很多领域得到了广泛的应用。

本章从人工智能与大数据的基本概念和发展历程出发，通过一些经典案例讲述人工智能的研究方法和应用领域，最后探索人工智能和大数据为社会带来的机遇与挑战。

6.1　窥探未来

当你向智能音箱询问天气的时候，它通过语音识别技术听懂了你的问题；当你拿起最新的智能手机的时候，它自动解锁打开，因为它通过人脸验证技术认出了主人。这些在 10 年前仍是科幻小说里的场景，今天已经成为我们真实的生活经历。那么，在人工智能与大数据浪潮的驱动下，未来我们的生活会是什么样子？让我们一起来窥探未来！

清晨，卧室的窗帘缓缓拉开，伴随着阳光和音乐，新的一天开始了。你的手环轻微震动，提醒你昨晚有些疲惫，睡眠质量不太好。可别小看这个小型可穿戴设备，它可以连接手机里的健康大数据 APP，你可以随时查看自己的心跳、血压状况，甚至睡眠时的翻身次数，最新的健康数据还会同步给家里其他的智能设备。例如，烹饪机器人可以根据你的口味爱好及最近几天的健康数据，为你定制营养均衡的三餐。

上午，你想到某商场逛逛，你打开城市交通预测 APP 查看该商场今天预计会有多少人，该 APP 结合城市今天的交通预测情况，根据你的定位请求信息规划了一条最优路线。当你准备出门的时候，你会发现你心爱的汽车已经停在了家门口。这要归功于智能家居系统，它一直观察着你的行动，在你出门之前，它就会让原本停在车库里面的汽车自主地开到家门前等待着。你来到汽车前的时候，车门就会自动打开，上车后，车门又自动关上。这得益于自动身份验证技术和动作识别模块，只有经过验证的人才会使得这一切都配合得非常自然。当你行驶在车水马龙的路上时，驾驶系统依据各类精敏的传感器，准确地检测道路上的车况，汽车平稳地自动驾驶着。

下午，你接到公司的通知，有一些工作事务需要处理。这是一个信息爆炸的时代，可你一点也不为此烦恼，因为人工智能工作助手已经帮你将相关的文件信息进行了分类、汇总和整理，发掘出你所关心的部分，并以方便快捷的方式呈现在你面前。你的同事们身处各个地区，但借助全息影像技术，大家就像彼此坐在身边一样真实地交流着。文件和图表可以随时随地进行展示，因为“隐形的显示屏”无处不在。

晚上，回到家，你的可穿戴设备告诉你，今天你的运动量是多少，摄入的热量是多少。你打开手机购物软件想买件衣服，在商品页面你可以直接看到自己的3D模拟形象穿上衣服的效果，跟真正试穿的效果几乎没有差别。睡觉时，家里的婴儿哭闹起来，大家都手足无措。这时，你把孩子的哭声录入一款大数据软件中，软件根据数据库中大量的婴儿声音数据进行比对和分析，发现原来孩子是饿了……

未来的生活是令人憧憬的，这样的生活其实离我们并不遥远。在人工智能和大数据浪潮的驱动下，这一切正在一步步地被实现。让我们一起踏上人工智能和大数据之路，走进人工智能和大数据的世界吧！

6.2 基本概述

6.2.1 人工智能及其分类

提起人工智能，很多人会习惯把它和科幻电影及科幻小说联系在一起，比如《黑客帝国》《头号玩家》《我，机器人》等。由于这些作品内容大多都是虚构的，夸张的剧情和特效总使我们觉得人工智能缺乏真实感，离我们的生活还很遥远。

但其实，随着时代的发展，很多过去只存在于小说和电影中的内容正在被逐步实现，人工智能就在我们身边。小到手机上的智能软件、小区的门禁，大到覆盖全球的因特网，人工智能无处不在。现在人工智能变成每个人都经常听到说到的名词，但从科学家到程序员再到普通大众其实还没有就人工智能的定义达成一致。如果问“人工智能是什么?”，每个人都会按照自己的理解和想象给它一个独属于自己的内涵。比如早些年的时候，有些人认为计算机能下跳棋就是人工智能了，结果当计算机能下好跳棋的时候，我们却发现这离完全的人工智能还有相当大的差距，计算机还能做得更多更好。

1. 人工智能的定义

由于人工智能的研究方向和实现方法至今还在不停地发生变化，因此它的发展虽然已走过了半个多世纪，但是人们对人工智能至今尚无统一的定义。本书中我们采用一种被广泛接受的说法，我们认为：

人工智能是一种通过机器来模拟人类认知能力的技术。

具体到实际应用中，这种认知能力就是根据给定的输入做出判断或预测。比如：

(1)在人脸识别中，根据对应的人脸，判断人的身份；

(2)在语音识别中，根据人说话的语音信号，判断说话的内容；

(3)在医疗诊断中，根据输入的医疗影像，判断疾病的成因和性质；

(4)在电子商务中，根据用户历史浏览和购物记录等数据，分析用户的喜好，从而预测其感兴趣的商品并进行推荐。

(5)在金融应用中，根据某只股票的历史价格和交易信息，预测未来的价格走势；

(6)在围棋对弈中，根据当前的盘面形势，预测某个落子的胜率。

简言之，人工智能主要研究用人工的方法和技术，模仿和扩展人的智能，实现机器智能。人工智能的长期目标是实现人类水平的人工智能。

2. 人工智能的分类

人工智能涉及的内容比较宽泛，包括感知、学习、推理与决策等方面。因此人工智能根据不同的标准，分类也多种多样。在这里，我们按照人工智能实现人类智能水平的程度将其分成三大类：

弱人工智能(artificial narrow intelligence,ANI)：弱人工智能只能解决特定领域或特定方向的问题，并不具备完全的自主意识。比如围棋对弈领域，AlphaGo 可以战胜世界围棋冠军，但是它却不能区分猫和狗。目前我们生活中已经实现的人工智能几乎都还停留在弱人工智能的阶段。

强人工智能(artificial general intelligence,AGI)：人类级别的人工智能。强人工智能需要在各个领域实现和人类智慧相当的智能，它应该具有一定的自主意识，可以自己独立进行思考、学习、决策、解决问题等，甚至有自己的价值观和世界观。可想而知，创造强人工智能比创造弱人工智能要难得多，所以这样的人工智能目前还只能存在于科幻作品中。

超人工智能(artificial super intelligence,ASI)：在各个方面都超越人类的人工智能。牛津大学哲学家、知名人工智能思想家尼克·博斯特罗姆(Nick Bostrom)把超级智能定义为"在几乎所有领域都比最聪明的人类大脑都聪明很多，包括科学创新、通识和社交技能。"超人工智能也正是为什么人工智能这个话题这么火热的缘故，是人们希望人工智能技术能够发展到的终极目标。

3. 人工智能的研究方法

要使计算机能够获取知识，人们曾想到的最直接的方法就是由知识工程师将某一领域有关的知识归纳、整理，然后处理为计算机可识别的数据再输入计算机。但是，如果想让计算机具有更广泛的智能，就必须让计算机可以像人类一样能够自主进行学习，并且在实践过程中不断总结、完善，从而获得新的知识、提高智能水平。这种方式称为机器学习，它已经成为人工智能的主流方法。

机器学习通常是从已知数据中去学习数据中蕴含的规律或者判断规则。机器学习有多种不同的方式，按照学习方式可以分为：监督学习、无监督学习、半监督学习和强化学习 4 类。

(1)监督学习：监督学习中，计算机将每个样本的预测值和真实值进行比较，通过它们的差别获得反馈，进而不断地对预测的模型进行调整。其中样本的真实值起到了监督的作用。在实际应用中，监督学习是一种非常高效的学习方式。但是，监督学习要求为每个学习样本提供真实值，这在有些应用场合是有困难的，并且获取大量的、高质量的、有标注的学习样本的成本非常高。

(2)无监督学习：这种方式下，计算机可以在没有监督信息(样本的真实值)的情况下进行学习。无监督学习往往比监督学习困难得多，但是由于它能帮助我们克服在很多实际应用中难以获取监督数据的问题，因此一直是人工智能研究的一个重要方向。

(3)半监督学习：半监督学习将监督学习与无监督学习进行了较好地结合，它只要求对小部分的样本提供真实值，这种方法通过有效利用所提供的小部分监督信息，往往可以取得比无监督学习更好的效果，同时也把获取监督信息的成本控制在可以接受的范围内。

(4)强化学习：这种学习模式类似一种"试错"的学习模式，通过不断地与环境进行交互、反馈，进而学习经验、调整策略以适应环境。简单地说，模型有一套自己的决策，可以根据当前的环境状态确定一个动作来执行，然后根据这个动作获得“奖励”或者“惩罚”以更新选择动作使用的决策，如此反复，目标是让得到的收益最大化。

6.2.2 大数据及其特征

美国著名管理学家爱德华·戴明所言：“我们信靠上帝。除了上帝，任何人都必须用数据来说话。”“用数据说话”“让数据发声”，已成为人类探索世界的一种全新方法。

随着信息技术高速发展，“数据”规模不断扩大，早已变身为“大数据”，开启了一次重大的技术革新和时代转型。那么，什么样的数据可以称为大数据？大数据又到底有多“大”呢？

1. 大数据的概念

“大数据”这一概念的形成，有 3 个标志性事件：

(1)2008 年 9 月，美国《自然》(*Nature*)杂志专刊——*The Next Google*，第一次正式提出“大数据”概念。

(2)2011 年 2 月 1 日，《科学》(*Science*)杂志专刊——*Dealing with Data*，通过社会调查的方式，第一次综合分析了大数据对人们生活造成的影响，详细描述了人类面临的“数据困境”。

(3)2011 年 5 月，麦肯锡研究院发布报告——*Big data: the next frontier for innovation, competition, and productivity*，第一次给大数据做出相对清晰的定义：“大数据是指其大小超出了常规数据库工具获取、储存、管理和分析能力的数据集。”

通俗地讲，大数据是指所涉及的数据量规模巨大到无法在合理时间内管理、处理，并整理成为人类所能解读的信息。每一天每一分钟每一秒，在人们都没有注意的时候，海量的数据已经被创造出来了，并且这些数据量的增长速度还在不断加快。

那么，这么多的数据都是从哪里来的呢？

互联网时代，大数据的来源除了专业机构产生的数据(例如，欧洲核子研究组织(CERN)的离子对撞机每秒可产生高达 40 TB 的数据)，我们每个人也都是数据的产生者，同时也是数据的使用者。大数据赖以生存的土壤是互联网，用户通过网络所留下的痕迹(包括浏览信息、行动和行为信息)，互联网公司在日常运营中生成、累积的用户网络行为数据，这些数据规模已经不能用 GB 或 TB 来衡量了。例如，Google 每月要处理几百 PB(拍字节，1 PB=1024 TB)的数据；阿里巴巴拥有近 5 亿用户，30 万台服务器，数据量近 100 PB。同时，物联网、各类移动可穿戴设备的广泛应用也带来了大量的数据，例如一个城市几十万个交通和安防摄像头，每月将产生几十 PB 的数据。除了互联网，传统行业同样也会产生大量数据，例如银行业中用户存款交易、业务管理等数据，教育行业学籍、成绩、学习记录等数据，电网企业的各类生产数据(发电量、电压稳定性数据)和运营数据等。可以说，互联网时代，大数据无处不在。

2. 大数据的 4V 特性

大数据使人们的生活、工作与思维方式等都产生了巨大的变革。那么，大数据究竟有哪些特征呢？

我们试着从以下案例中找到问题的答案。

【案例 1】 据腾讯公司高级执行副总裁、微信事业群总裁张小龙披露，每天有 10.9 亿用户打开微信，3.3 亿用户进行了视频通话；有 7.8 亿用户进入朋友圈，1.2 亿用户发表朋友圈，其中照片 6.7 亿张，短视频 1 亿条；有 3.6 亿用户读公众号文章，4 亿用户使用小程序。这些数据在体量和产生的速度上都达到了大数据的规模。

【案例2】 近年来在互联网、大数据、人脸识别等技术的联合助力下，我国警方陆续破获几年前、十几年前，甚至是几十年前的众多悬疑案件。某市警方介绍，通过警用大数据平台、图像识别系统等，对嫌疑人体态、相貌及活动范围等数据进行比对，为警方破案提供了有力线索。

【案例3】 在2020年突如其来的疫情防控战斗中，浙江借力大数据技术，创新推出按区域风险高低绘制而成的五色“疫情图”，并根据每个区域的新增确诊数、集聚发病率等指标变化，动态调整更新，为实现分类管控提供了决策依据。同时，运用大数据技术自动生成反映个人健康状况的“健康码”，帮助各地政府能及时科学研判区域内人员的整体健康情况及疫情的传播情况，降低了疫情扩散的可能性。

IBM提出了大数据的4V特性，得到了业界的广泛认可。

(1)大量(volume)：即数据体量巨大。大数据的特征首先就体现为“大”，数量的单位从TB级别跃升到PB级别甚至ZB级别。移动互联网时代，每个人都在有意识或无意识地不停产生数据，这些数据如同涓涓细流，从地球上的各个角落通过网络汇聚到特定地，最终形成了大数据之海。

(2)多样(variety)：即数据类型繁多。广泛的数据来源，决定了大数据形式的多样性。数据不再局限于以文本为主的结构化数据，而是加入越来越多的非结构化数据，例如图片、视频、地理位置信息等。这些数据虽然形态各异、来源不同，但是在某些方面却有很强的关联性。例如某位游客在社交平台上传的状态和照片，就和他当前的地理位置、行程等有关。对多元化的数据进行分析处理有赖于大数据技术的发展，也对其提出了不小的挑战。

(3)高速(velocity)：即数据的产生和处理速度极快。数据的产生越来越快，有的数据是爆发式产生，例如欧洲核子研究组织的大型强子对撞机在工作状态下每秒产生PB级的数据。有的数据是涓涓细流式产生的，但是由于用户众多，短时间内产生的数据量依然非常庞大，例如，点击流、日志、射频识别数据等。如今人们对数据智能化和实时性的要求越来越高，这就需要数据处理速度极快。比如开车时智能导航仪可以实时根据当前位置规划最优路线；社交平台上出现热点话题，平台需要快速处理大量用户的发布内容，使得大家可以即刻分享、交流。数据产生的速度越来越快，数据处理速度也需要跟上脚步，才能创造更大的价值。

1秒定律

在数据处理速度方面，有一个著名的“1秒定律”，即要在秒级时间范围内给出分析结果，超出这个时间，数据就失去价值。例如IBM有一则广告，讲的是“1秒，能做什么”，1秒，能检测出中国台湾的铁道故障并发布预警；也能发现美国德克萨斯州的电力中断，避免电网瘫痪；还能帮助一家全球性金融公司锁定行业欺诈，保障客户利益。

(4)价值(value)：即追求高质量的数据。大数据时代寻找真正有价值的数据就像大浪淘金，虽然数据量非常大，但是真正能发挥价值的要么是其中非常小的一部分，要么潜藏在海量数据背后。大数据技术期望能够从海量数据中挖掘出有价值的信息，并进行分析，最终转化为知识来指导决策。

6.2.3 人工智能与大数据的关系

前两小节中我们探讨了人工智能和大数据的相关概念，那二者有什么不同又有什么关联呢？人工智能是一门交叉学科，旨在研究、模拟和扩展人的智能，其中很重要的一个方向就是研究人的学习和决策能力，即如何通过学习获得知识并采取合理的行动；而大数据技术的研究对象主要围绕数据及数据处理的一般过程，包括数据的采集、存储、分析、呈现等，大数据的价值主要体现在分析和应用上。由此可见，人工智能和大数据的技术关注点是不同的。

同时，大数据与人工智能二者又是互相促进，相依相存的关系。

有人说，人工智能技术有三大支柱：数据、算法和算力。从当前人工智能的技术体系结构来看，没有数据，人工智能也就失去了知识的源泉。以机器学习为例，机器学习有5个主要步骤，包括数据收集、算法设计、算法实现、算法训练和算法验证，完成验证的机器学习算法就可以在实际场景中应用了。通过机器学习的步骤可以发现，数据收集是机器学习进行的第一步，没有数据就无法完成后续的学习，而且数据的类型、质量等也对算法的设计和性能有非常大的影响，更全面、准确、高质量的数据会极大提高算法的性能。所以说，大数据技术的发展在很大程度上推动了人工智能技术的发展。

如何获取更高质量的数据？如何挖掘数据背后潜藏的价值？大数据技术的发展同样也离不开人工智能的助力。目前机器学习不仅在人工智能领域有广泛的应用，它也是大数据分析的常用方法。所以有很多人工智能领域的从业者可以轻松地转到大数据行业，或者因为工作需要，许多人兼备人工智能和大数据的知识技能。目前很多从事人工智能研发的企业都有一定的大数据基础，这也是为什么很多互联网企业能够走在人工智能研发前列的原因之一。

与此同时，人工智能和大数据的发展还需要两个重要的基础，即第5章中介绍的云计算和物联网技术：云计算为大数据和人工智能提供了算力支撑；而物联网则为大数据提供了主要的数据来源渠道，同时也为人工智能产品的落地应用提供了场景支撑。所以，从事人工智能和大数据领域的研发，也需要掌握一定的云计算和物联网知识。

6.3 发展历程

6.3.1 图灵测试的提出

如何判断一台机器具有人的智能呢？解答这个问题，就不得不再一次提到图灵。第2章中，我们知道他在1936年发表了题为“On Computable Numbers, with an Application to the Entscheidungsproblem”(论可计算数及其在判定问题中的应用)的论文，提出了“图灵机”的设想，被视为计算机科学之父。1950年10月，他又发表了一篇题为“Computing Machinery and Intelligence”(计算机和智能)的论文，在这篇文章中，他提出了一个关于判断机器是否能够思考的著名试验——图灵测试，用于测试某机器是否能表现出与人等价或无法区分的智能。也正是这篇文章，图灵也被称为“人工智能之父”。

图灵测试可以描述为：如果一个人(代号C)询问两个对象任意一串问题。这两个对象一个是正常思维的人(代号B)、一个是机器(代号A)。在询问时，C使用A和B都能懂得的语言，并且C不知道自己询问的是A还是B。如果经过这一串询问以后，C不能分辨A与B有什么实质上的区别，则此机器A通过图灵测试。如图6-1所示：

从上述描述中可以看出，图灵测试具有以下3个特征。

(1)为智能给出了一个客观的概念和判断标准，即根据对一系列特定问题的反应来决定是

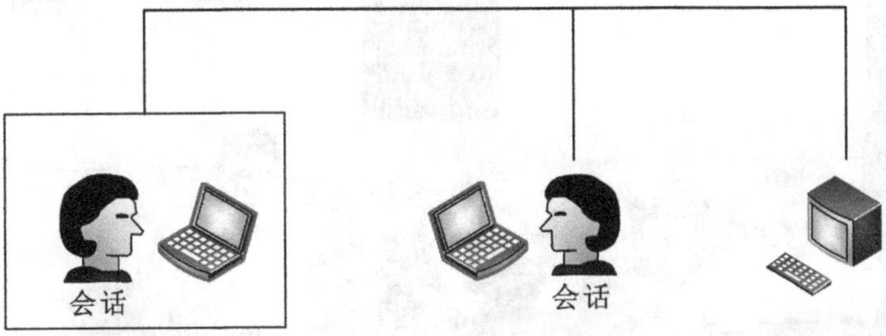

图 6-1　图灵测试示意图

否智能。

(2)这项测试避免了人们陷入一些内部问题的干扰,例如“计算机的内部处理方法是否恰当”或者“机器是否真的意识到其动作”。

(3)询问者只能收到和关注对话内容,消除了有利于生物体的偏置。

因为图灵测试具有这些重要特征,它已成为许多现代人工智能程序评价方案的基础。如果一个程序已经有可能在某个专业领域实现智能,那么可以通过输入一系列给定问题,并把它对这些问题的反应与人类专家的反应相比较来对其进行评估。

一台机器要通过图灵测试,它需要具有下面的能力。

(1)自然语言处理:实现用自然语言进行有效沟通。

(2)知识表示:能够存储、检索、使用、更新获得的知识。

(3)自动推理:能根据存储的信息回答问题,并提出新的结论。

(4)机器学习:能自主学习,改善自身性能适应新的环境。

(5)计算机视觉:可以感知物体。

(6)机器人技术:可以操纵和移动物体。

这 6 个领域构成了人工智能的大部分内容。

6.3.2　人工智能的诞生(1956 年)

人工智能诞生于图灵那个年代,它的历史其实正好与计算机的历史差不多一样长,但不同于计算机发展的顺风顺水,人工智能经历了三起两落。

人工智能的起点要追溯到 20 世纪中叶。1956 年的夏天,在美国达特茅斯学院召开了一次具有历史意义的重要会议。一批涉及数学、信息学、计算机科学等领域的杰出科学家聚集在一起,包括麦肯锡、明斯基、香农等人(如图 6-2 所示),共同探讨机器模拟智能的一系列有关问题。会议足足开了两个月,也就是这次会议上,诞生了“人工智能”这一术语,让人工智能成为一个独立的学科,因此这个会议通常被看成是人工智能这一学科真正诞生的标志。参与的科学家对人工智能抱有乐观的态度,从这场会议的声明中可以看出:

我们提议 1956 年夏天在新罕布什尔州汉诺威的达特茅斯学院开展一次由 10 个人参与为期 2 个月的人工智能研究。该研究是在假设的基础上进行的,即学习每个方面或智能的任何其他特征原则上都可被这样精确地描述以至于能够建造一台机器来模拟它。并尝试着发现如

图 6-2　达特茅斯会议主要参与人员

何使机器使用语言，形成抽象与概念，求解多种现在注定由人来求解的问题，进而改进机器。我们认为：如果仔细选择一组科学家对这些问题一起工作一个夏天，那么其中的一个或多个问题就能够取得意义重大的进展。

1956 年 AI 会议的 7 个主要议题

1. 自动计算机(automatic computer)；
2. 如何为计算机编程使其能使用语言(How can a computer be programmed to use a language)；
3. 神经网路(neuron nets)；
4. 计算规模理论(theory of the size of a calculation)；
5. 自我改进(self-improvement)；
6. 抽象(abstraction)；
7. 随机性与创造性(randomness and creativity)。

6.3.3　第一次浪潮(1956—1974 年)

人工智能诞生之初，人们对智能机器的研究怀有巨大的热情，当时有人乐观地预测，一台完全智能的机器将在 20 年内诞生。当时的美国政府也对此非常热心，1963 年，刚成立的美国高等研究计划局就给麻省理工学院投入了 200 万美元用于人工智能的研究项目"Project MAC"(the project on mathematics and computation，数学和计算项目)，当时人工智能的领军科学家麦卡锡等也加入了该项目。这个项目也是现在赫赫有名的麻省理工学院计算机科学与人工智能实验室的前身。

在最早的一批计算机科学和人工智能杰出科学家的推动下，一系列研究成果在这个时期诞生。这些成果主要集中在视觉和语言理解等领域。例如在 1964—1966 年间，麻省理工学院教授约瑟夫·维森鲍姆开发了第一个自然语言对话程序 ELIZA，可以通过简单的模式匹配和对话规则进行英文对话。1967—1972 年，日本早稻田大学开发出第一个人形机器人 Wabot-1，可以与人进行简单对话，还具备计算机视觉系统，可以完成室内行走、抓取物品等简单动作。

虽然这个时期人工智能成果已初步显现，但与当初科学家们的乐观估计相比，人们的失望与不满也逐渐难以掩饰。同时，人工智能的发展也出现了许多困难，计算机的计算能力有限无法满足需求，语言理解中巨大的可变性和模糊性等问题得不到有效解决……从 20 世纪 70 年代开始，人工智能的研究进入了第一个低谷。

6.3.4　第二次浪潮(1980—1987 年)

进入 80 年代，专家系统和人工神经网络的兴起，为人工智能带来了第二次浪潮。

所谓专家系统，是基于特定规则来回答特定领域问题的程序。早在 1964 年，爱德华·费根鲍姆(Edward Feigenbaum)等人在斯坦福大学研究了第一个专家系统 DENDRAL，费根鲍姆因此也被称为“专家系统之父”。到了 80 年代，已有一些专家系统被成功部署，例如卡内基梅隆大学开发的 XCON 系统，可以帮助迪吉多公司的客户自动选择计算机组件，为公司每年节约 4000 万美元的费用。人们看到了专家系统在特定领域带来的商业价值，对人工智能的热情再次被点燃。

也是在这个时候，人工神经网络的研究也取得了新的进展。一个典型事件是，1986 年，戴维·鲁梅尔哈特(David Rumelhart)、杰弗里·辛顿(Geoffrey Hinton)等人验证了反向传播算法(back propagation，BP)可以在神经网络的隐藏层中学习到对输入数据的有效表达，这使得大规模神经网络训练成为可能。从此，反向传播算法被广泛用于人工神经网络的训练。

在这样的背景下，1982 年日本通商产业省开始了建造“第五代计算机”的研究计划，旨在通过大规模并行计算创造类似超级计算机的高性能人工智能平台。遗憾的是这个项目历时 10 年最终未能达到预期目标。

到 80 年代后期，人们发现专家系统开发和维护的成本很高，但其本身的实现程度不足以支撑大范围的应用，未能取得工业级应用又耗费较多的研究资源，产业界对人工智能的投入开始大幅削减，于是人工智能再次陷入低潮。

6.3.5　第三次浪潮(2006 年至今)

经历了前两次浪潮的蓄力，人工智能领域已经累积了诸多的成果。除了专家系统、人工神经网络等研究外，科学家们也发展了许多新的数学模型和算法，例如支持向量机、概率图模型等，为人工智能研究夯实了数学理论基础。更重要的是，科学家们更加专注于发展能解决具体问题的智能技术，新的算法被更广泛地应用于具体实际问题场景中。

这一时期，伴随着计算机和互联网的飞速发展，人工智能所依赖的数据资源和计算资源也在爆炸式增长，人工智能接二连三取得重大突破。

2006 年，杰费里·辛顿在 *Science* 上发表的文章打破了神经网络发展的瓶颈，在深度学习模型训练方法上取得重大突破；2011 年，IBM 开发的自然语言问答计算机“沃森”在益智类综艺节目《危险边缘》中击败两名前人类冠军；2012 年，在计算机视觉领域竞赛 Image Net 挑战赛中，新一代多层神经网络 Alex Net 取得了冠军，力压第二名的传统机器学习算法。2016 年，谷歌公司通过深度学习训练的 AlphaGo 程序以 4 比 1 战胜了曾经的围棋世界冠军李世石，一年后对决世界排名第一棋手柯洁连胜 3 局，而后升级版的 AlphaGo Zero 更是能够利用自我对抗自学围棋，以 100∶0 的战绩击败“前辈”。

新算法在具体场景的成功应用，再一次点燃了全世界对人工智能的热情。世界各国的政府和商业机构都纷纷把人工智能列为未来发展战略的重要部分。由此，人工智能的发展迎来了第三次浪潮。

总的来说，到现在为止人工智能历经三起两落(如图 6－3 所示)，和前两次不一样的是，这次我们有理由相信人工智能会发展起来，关键原因不在于科学家如何有信心，而在于这种技术已经得到了非常普遍的应用，经过了实践的检验。

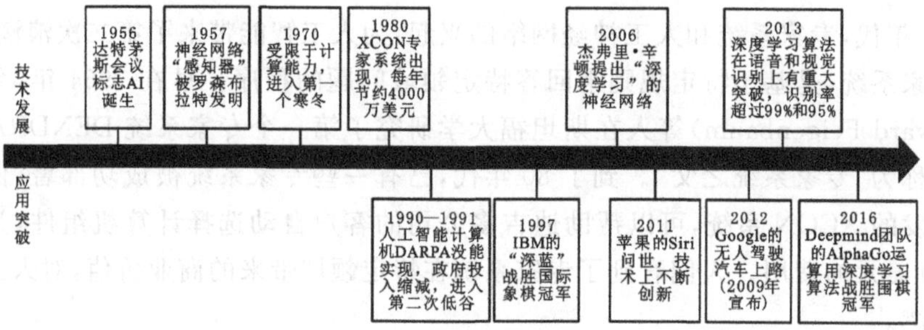

图 6－3　人工智能发展历程

6.4　应用领域

如何准确预测气象灾害并对其进行预警？如何在未来的城镇化建设中打造智慧城市？如何让教育真正实现因材施教？这些问题的背后都离不开人工智能和大数据的应用。近年来，大数据＋人工智能技术已经被广泛应用于各个行业，而各个行业的应用也为它们的发展升级注入了新的动力。

6.4.1　零售行业——更懂消费者

想象一下这样的场景：当你在地铁站候车时，通过移动设备自由浏览商品信息，下单心仪的商品后，物流机器人会在指定的时间将商品送到你家中；当家中的生活用品快要用完时，新的用品已经自动下单准备派送……这些场景虽然还未完全实现，但人工智能和大数据已经在零售行业的应用中显现出巨大的价值。

零售行业利用大数据技术，可以采集顾客的各类消费数据，包括历史交易数据、网页浏览信息、甚至顾客在各个商品主页上的逗留时间等，然后进行分析建模，形成用户画像。这样，就可以更好地了解顾客的消费喜好并预测其购买趋势，从而针对每个顾客进行个性化营销和服务。人们将以最便捷的方式购物，可以自主挑选喜欢的商品，也可以根据购物平台给出的推荐清单一键下单。

对于卖家来说，受益于人工智能和大数据技术，所有营销活动和服务都可以实现精准推送，营销推广效果将大幅提升。厂家可以有更多的精力投入到生产和服务环节，提高商品质量和服务质量。掌握顾客的购买情况，也有利于厂家更好地安排生产、调整库存。例如某电子商务平台购物节期间，订单量激增的同时却保持很快的发货速度，背后的秘密武器就是人工智能和大数据。早在购物节前，平台就已经进行货品数据分析，通过预售等方式预测购买需求，提前进行货品动态调整，将货品发至附近网点，这样当顾客下单后就可以立刻派件。当然，智能机器人参与货物分拣，各环节实现人机配合也大大提高了物流速度。可以看出，信息技术水平的高低已成为零售企业获得竞争优势的关键要素。

6.4.2　教育行业——更易因材施教

目前，信息技术在教育行业已有了越来越广泛的应用，大数据与人工智能技术将主要用来优化教育机制，这将带来潜在的教育革命。传统的教育模式中教师往往以知识传授为中心，但现在已经逐渐转变为关注每个学生的个性，也就是真正的“因材施教”。在不久的将来，个性化学习终端将会更多地融入学习资源云平台，通过教育大数据的采集，记录学生学习全过程数据，建模分析学生的知识、能力、情感等多维度综合素养结构，进而辅助教师针对每个学生设计个性化教学内容，更有效地发掘每个学生的优势和潜能。例如：根据每个学生的不同兴趣爱好和特长，推送相关领域的前沿技术、资讯、资源乃至未来职业发展方向。

“渴望学习”项目

加拿大有家教育科技公司，已面向教育领域推出“渴望学习”项目，该项目可以根据学生过去的学习行为、学习成绩等数据建立算法模型，从而预测其未来的学习成绩，为学生提供学业指导。老师看到的不再是过去简单的学生考试分数，而是通过学生阅读的课程材料、提交的电子作业、在线交流答疑情况、测验与考试分数等综合计算得出的系统化教育数据。这样老师就能及时发现学生学习的问题所在，找到其薄弱环节并加强辅导，从而提高学生的学习质量。

6.4.3　金融行业——更多的收益

大数据的研究与应用在金融业的价值已经逐渐显现出来，包括银行、证券、保险行业等。以银行大数据为例，银行可以将自身业务涉及的客户数据、交易数据、资产数据等进行分析，生成客户画像，为客户提供更优质的服务。当然这些信息还不够全面，金融行业大数据也在力求整合更多的外部数据，比如客户在社交媒体上的行为数据、电商网站上的交易数据等，这样可以扩展对客户的了解，进行更为精准的营销和管理。例如：银行从物业费代缴服务机构、航空公司等相关数据库中挖掘高端财富客户，为这些客户提供定制的财富管理方案。除此之外，利用大数据还可以识别易流失客户、欺诈交易等。

所以，金融大数据背后具有巨大的商业价值，未来，大数据将像基础设施一样，成为金融业各类活动和决策的重要基础。

你高兴他就买，你焦虑他就抛

早在 2012 年，华尔街德温特资本市场公司首席执行官保罗・霍廷就已经开始将大数据应用于金融行业。保罗每天的工作之一，就是利用电脑程序分析当时全球3.4亿微博账户的留言，进而判断民众情绪，再以“1”到“50”进行打分。根据打分结果，再决定如何处理手中数以百万美元计的股票。保罗的判断原则很简单：如果所有人似乎都高兴，那就买入；如果大家的焦虑情绪上升，那就抛售。这一招成效显著，2012年第一季度，保罗的公司获得了7%的收益率。

6.4.4 城市系统——更便捷更安全

某城市公交卡平均每天产生2100万条刷卡记录，出租车每天产生100万条运营数据，电子停车系统每天产生50万条收费数据……如果能将城市运行中的交通、能源、供水等业务数据汇聚起来，通过大规模的数据计算和分析，是否能实现对城市系统的实时分析，让城市变得更加智能起来？

在智慧城市的建设中，大数据已经成为城市智慧化管理的“军师”。从人们的日常出行，到政府的管理与决策，再到整个城市的规划和发展，都离不开大数据和人工智能技术做支撑。例如，在交通管理方面，通过对交通数据的实时监测和挖掘，可以有效缓解交通拥堵，提高城市交通运行效率。科大讯飞的“交通超脑”就已经实现了信号智能优化、视频智能分析、语音指挥调度、交通设备智慧运维等，构建出了交通管理一体化指挥平台。

智慧城市是以数字城市为基础的，随着科技进步，我们可以将城市运行中的各种状态通过传感器等转化成数据，不论是地下、地表、室内、室外，还是数字、声音、视频，都可以随时收集起来，实现对整个城市的实时感知。感知信息越全面，提供的决策依据也就越充分。例如，在智能安防（如图6-4所示）方面，城市监控点位越来越多，就可以形成越来越密的天网系统，让罪犯无处可逃。当然，采集的数据量也随之快速增长，这就需要利用人工智能技术，让计算机能够代替人类对视频中的车辆、行人等目标进行跟踪识别。

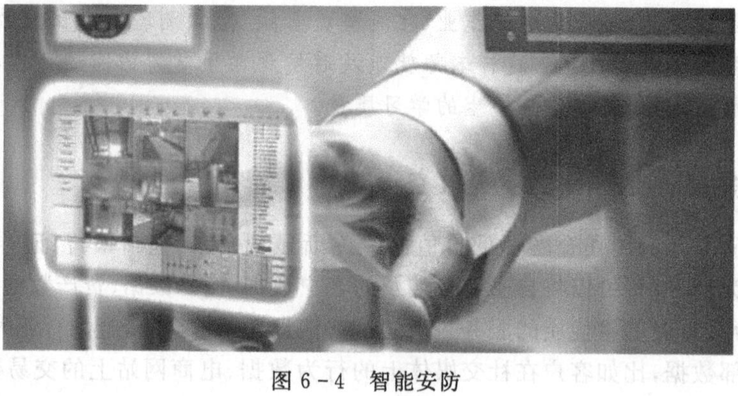

图6-4 智能安防

6.4.5 科学研究——更多的成果

在科学发展领域，进行科学研究主要有这样几个模式，实验科学、理论推演、计算机仿真。而未来科学的发展趋势是，随着数据的爆炸性增长，计算机将不仅仅能做模拟仿真，科研人员对各种仪器或系统产生的海量数据进行分析，可以得出之前未知的理论。这种科学研究的方式，被称为第四范式，是一种数据密集型科学发现范式。这种研究模式下，虽仍需“电脑+人脑”，但电脑已成为主角。

6.4.6　政治领域——更科学的管理

随着科技的发展，大数据覆盖范围越来越广，越来越精细，诸多政务垂直行业也都需要大数据的助力。由此，诞生了许多政务大数据创新平台，例如科大讯飞智慧政务体系、社区智慧警务平台、财政数据治理解决方案、SmartMI 智慧医保等。利用海量政务大数据，政府可以更精确地把握社会运行规律、加强市场监管能力、提高决策能力和公共服务水平，让政务服务更加主动、精准、有效。

当前，我国已进入创新驱动转型的新阶段，人工智能和大数据在促进社会经济发展中发挥着愈来愈重要的作用。全面推进大数据发展应用，加快建设数据强国势在必行。

6.4.7　医疗行业——更高效更准确

通过对医疗大数据进行智能化分析，可以预测流行病的爆发趋势，助力药物研发，提高门诊效率，为患者提供更加便利的服务。

例如，在医学影像诊断方面(X 射线、核磁共振成像等)，以往都需要医生用肉眼查看影像，平均每位患者的影像结果需要花费数十分钟，并且医生连续查看多个片子，很容易视觉疲劳，造成漏诊，患者多时工作量也会变得十分繁重。如今，利用人工智能自动进行医学影像识别，能够快速处理生成影像结果，帮助医生做出诊断。其不仅识别速度极快，不知疲倦，而且识别的准确度已普遍可以和专家级医生相当。

再比如，在医学诊断方面，将医院积累的大量病人的历史数据进行整理分析，可以辅助医生提出更有效的治疗方案。在未来，医疗大数据平台将包含各类病人的基本特征、疾病特征、检查报告、治疗反馈等数据，在制定治疗方案时，医生或者人工智能机器人可以分析数据库中相似病人的治疗数据，为病人制定最佳的治疗方案。同时这些数据也有利于医疗行业开发出更加有效的药物和医疗器械。

6.4.8　农业——更精细化的管理

传统农业生产模式是粗放式的，但进入大数据时代，农业生产模式也正逐步向智能化、精细化方向发展。

我国是农业大国，农业关乎国民生计，如果能对农业生产各环节进行有效的监测和科学的规划，将极大提高生产效率。例如，利用各类智能传感器、遥感卫星等可以实时采集天气情况、土壤环境、农作物生产情况等数据，利用这些数据进行计算分析，可以帮助生产者们调整种植方法，及时采取防治措施以提高农作物产量。借助农产品的生产和消费大数据，还可以生成供需预测报告，政府可以据此合理协调引导生产，避免产能过剩造成浪费。所以说，大数据与人工智能技术还可以帮助政府实现农业的精细化管理，实现科学决策。

当然，大数据和人工智能带来的机遇远不止上述几个领域，它在各行各业都将掀起一股新的浪潮。

6.5　经典案例分析

近年来，人工智能迎来了第三次发展浪潮。很多人工智能技术开始在实际应用中发挥越来越重要的作用。比如在图像识别领域,传统的人脸识别方法由于其性能较差,易受环境变化影响等特点,难以获得对性能要求较高的实际应用,而基于深度学习的人脸识别技术大大改善了传统方法的缺点,使得人脸识别可以广泛应用到对安全系数要求很高的场景中:比如银行的支付系统通过刷脸就使用户能够成功支付,而不需要手动输入支付密码;安防系统也能够在监控视频中识别那些有可能威胁到社会安全的人。在 2021 年 1 月 6 日发生的美国冲击国会山事件后,美国联邦调查局也曾通过人脸识别系统对视频拍摄到的事件参与者进行辨认。

人工智能给人们的生活带来的变革不止于此。实际上,除了图像,人工智能技术可用于处理不同类型的信息。经常浏览视频网站的人可能会发现,以前视频的字幕常常由志愿者自发添加,这一角色现在已经悄悄被自动字幕软件所代替。这种软件能够收集视频中的语音,并将它们翻译成对应的文字显示在屏幕上。这种技术现在已经被广泛应用在各种会议中。人们经常能在会议的大屏幕上看到发言者所说的话被自动识别出来。如果和自然语言处理的技术相结合,这种处理语音的技术则可以实现机器与人的对话,使机器能够理解人类发出的指令,并根据指令进行相应的操作。智能家居中的智能管家系统可以根据主人说出的指令打开电视,播放音乐,或者调节空调温度;现在的汽车也越来越多地采用能够识别驾驶者语音指令的声控系统。

我们已经知道人工智能领域的发展能够带来这么多的好处,那么如何才能实现这些技术?它们背后隐藏的原理又是什么?本节中,我们将通过对一些经典应用案例的分析,探索人工智能和大数据中的知识和方法,为后续进一步深入研究打下基础。

6.5.1 手写数字识别

1. 案例描述

机器学习领域中有一个经典的问题——手写数字识别。这个对于人类来说很简单的问题对程序却十分复杂。用人眼识别一张图片中的数字,是一个很容易的任务。比如我们看到一条竖线的数字,就会知道这是 1;看到有上下两个圈的数字,就可以认出这是 8。这是因为我们只要看一眼图片,我们的大脑就可以自动获取有用信息并进行判断。但是对于计算机来说,事情却没有这么简单。基于这个特点,很多早期的验证码就是利用识别数字来区分人类和程序行为的。

2. 案例分析

手写数字识别是一个经典的图像分类问题。当图像中出现一个手写数字,我们需要建立一个系统去识别这个数字是 0～9 中的哪一个,即将这个数字归为 0～9 中的一类。

1)图像在计算机中的存储问题

人眼中的图像是物体在视网膜直接映射成像的结果,但是图像在计算机中是以数字的形式保存的。可以说计算机并不能像人眼那样直接“看”见图像。

如果将一幅图像放大,我们可以看到它被切割成了一排排的小格子,每个小格子铺满了相同的颜色,即在小格子内部,颜色是相同的。这样的小格子就是像素。一般我们把颜色用数字来表示。黑白图像只有明暗的区别,我们用 0 表示最暗的黑色,255 表示最明亮的白色。其他介于 0 到 255 之间的数字代表明暗的程度(如图 6-5 所示)。

如果像这样把每个像素中的颜色都写成数字,那么图像就可以表示为一个数字的矩形阵列，称为矩阵，这样就可以在计算机中存储。

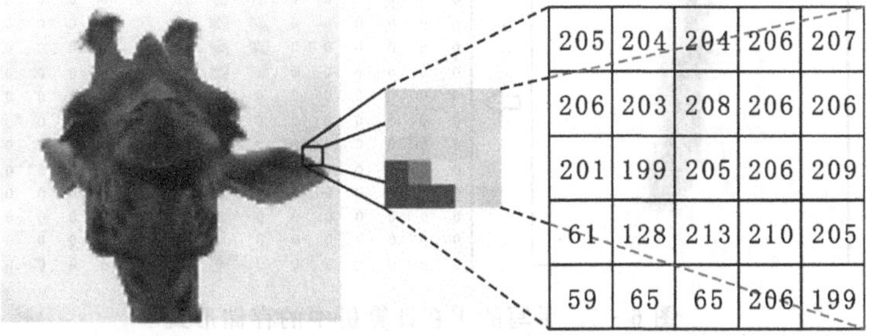

205 204 204 206 207
206 203 208 206 206
201 199 205 206 209
61 128 213 210 205
59 65 65 206 199

图 6－5　图像在计算机中的存储

2)图像的特征问题

人眼可以直接靠形状来判断手写数字到底是几，但是计算机没有形状的概念，它需要其他的方式来掌握图像中线条的几何空间关系，也就是图像的特征。

特征是在分类任务乃至于所有人工智能系统中非常重要的概念。特征的质量直接关系到分类结果的好坏。人工智能系统处理的对象多种多样。系统处理的对象不同，需要提取的特征形式就不尽相同。比如某家公司要将参加面试的人员分为录取和不录取两类，就要提取面试者的毕业学校、学习成绩、工作年份等信息；要对鸟类的叫声进行分类，就要测量鸟类叫声的频率；对花朵进行分类，就要识别花瓣的颜色及形状等特征。对于同一种事物，我们也可以提取出各种各样的特征，比如参加面试的人员，除了上述特征之外，还有身高、体重、眼睛的颜色等。如果公司招聘的是技术人员，那么工作中人员的表现和这些因素没有直接关系，因此用这些因素很难将面试人员进行有效的分类；而如果公司招聘的是公关人员，这些因素又与他们的工作息息相关了。总而言之，我们需要根据物体和数据本身具有的特点，考虑不同类别之间的差异，并在此基础上设计出有效的特征。而这不是一件简单的事，它往往需要我们真正理解事物的特点和不同类型之间的差异。

回到手写数字分类的问题上来。不同的人有不同的书写习惯，有的人字可以写得很大，有的人却写得很小；有的人写字横平竖直，有的人却写得歪歪斜斜。那么什么才是适合手写数字分类的特征呢？

我们已经知道，计算机中的黑白图像是以数字矩阵的形式存在的。那么手写数字图像在手写处的像素会是非零的数值，而在其他空白的地方，像素的值都是代表着白色的 0。图 6－6 所示是一个手写的 1 在计算机中的存储形式。

3)特征在计算机中的表示问题

在前面的举例中，我们可以发现用来分类的事物特征往往不止一个。但是在分类时，我们会希望将这些特征组合成一个整体输入系统，而不是一个输入完了才能输入另一个。那么我们该怎么表示这种特征的组合呢？假设 x_1、x_2 表示手写数字的两个特征数值，则可以把这两个数字放入一个括号中，写成 (x_1,x_2)。这种形式的一组数据在数学中被称为向量。一个向量中的所有元素，我们就可以视为一个整体。一般地，一个 n 维向量可以被标识为 $(x_1,x_2,...,x_n)$。这样，用向量我们就可以把任意数量的描述一个事物的特征数值都组织在一起。我们把这样表征事物特征数值的向量称为特征向量。提取特征最终的结果就是希望能够从事物中得到特征向量。

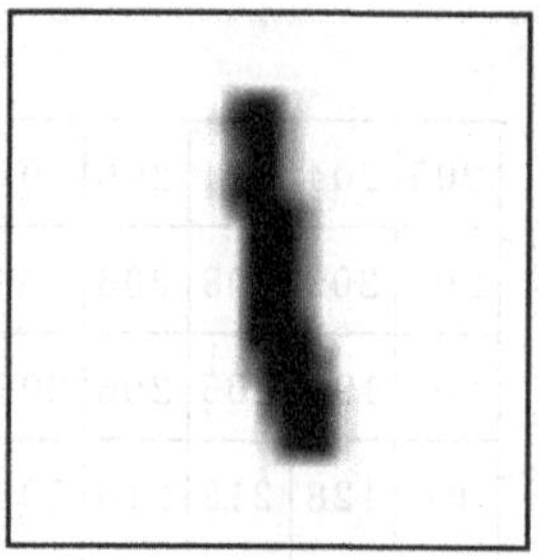

$$\Rightarrow \begin{bmatrix}
0&0&0&0&0&0&0&0&0&0&0&0&0&0\\
0&0&0&0&0&0&0&0&0&0&0&0&0&0\\
0&0&0&0&0&0&.6&.8&0&0&0&0&0&0\\
0&0&0&0&0&0&.7&1&0&0&0&0&0&0\\
0&0&0&0&0&0&.7&1&0&0&0&0&0&0\\
0&0&0&0&0&0&.5&1&.4&0&0&0&0&0\\
0&0&0&0&0&0&0&1&.4&0&0&0&0&0\\
0&0&0&0&0&0&0&1&.4&0&0&0&0&0\\
0&0&0&0&0&0&0&1&.7&0&0&0&0&0\\
0&0&0&0&0&0&0&1&1&0&0&0&0&0\\
0&0&0&0&0&0&0&.9&1&.1&0&0&0&0\\
0&0&0&0&0&0&0&.3&1&.1&0&0&0&0\\
0&0&0&0&0&0&0&0&0&0&0&0&0&0\\
0&0&0&0&0&0&0&0&0&0&0&0&0&0
\end{bmatrix}$$

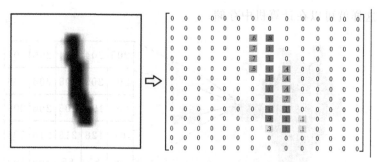

图 6-6　手写的 1 在计算机中的存储形式

有一种简单的方法可以将表示图像的数字矩阵转换为特征向量。假如我们将图像的每一个像素值都看作是一个特征,我们可以直接将这种数字矩阵的特征图展开成特征向量。如图 6-7 所示,将一个 2×2 的矩阵的展开成 4 维向量,就是将每行的数字首尾相接连起来。这种方法可以在一定程度上保留像素之间的位置关系。

$$\begin{bmatrix}0&1\\2&3\end{bmatrix} => \begin{bmatrix}0\\1\\2\\3\end{bmatrix}$$

图 6-7　特征矩阵展开成特征向量

这并不能算得上是一个非常优秀的特征,因为在铺平之后我们丧失了原先矩阵中包含的同一列像素的位置信息。当然了,在这里我们使用的是非常简单的特征。在图像分类问题中,科学家们往往使用更加复杂的特征。有兴趣的同学可以自己进行深一步的了解。

3. 解决方案

有了特征向量之后,进一步地,我们可以把特征向量表示在直角坐标系中。比如二维特征向量(0,0),就可以看作直角坐标系中的原点。类似地,三维的特征向量可以表示成立体空间坐标系中的点,而像手写识别数字这种更高维的特征向量则可以表示为高维空间中的点。这些表示特征向量的点被称为特征点,所有特征点构成的空间称为特征空间。

如果我们将物体的特征向量画在特征空间中,那么分类的问题就变成了在特征空间中将一些特征点分开的问题。我们可以想象,具有类似特征的物体,特征点在空间的位置上会距离更近,这些物体也更有可能属于同一类别。而特征点距离较远的物体则具有差异较大的特征,更有可能属于不同类别(如图 6-8 所示)。

把不同类别的特征点分开属于分类器的工作。分类器就是一个输入的是特征向量,输出的是预测类别的函数,包含决策树、逻辑回归、朴素贝叶斯、神经网络等算法。当我们知道全部训练样本的所属类别时,可以用最简单最初级的分类器。这种分类器可以将需要预测类别的对象与所有的训练样本相比较,当某个训练样本的属性和该预测对象完全相同时,便可以将预测对象和训练样本归为一类。但是所有测试对象都刚好能够找到一个与之属性完全相同的训练样本是一件概率极低的事。况且一个测试对象还有可能找到多个与之相匹配的训练样本,而这些训练样本又可能分属不同类别,这又该怎么办呢?基于这些问题,就产生了 KNN 分类器。

KNN(K-nearest neighbor)分类器,或者说 K 近邻算法,它是人工智能领域最简单的分类

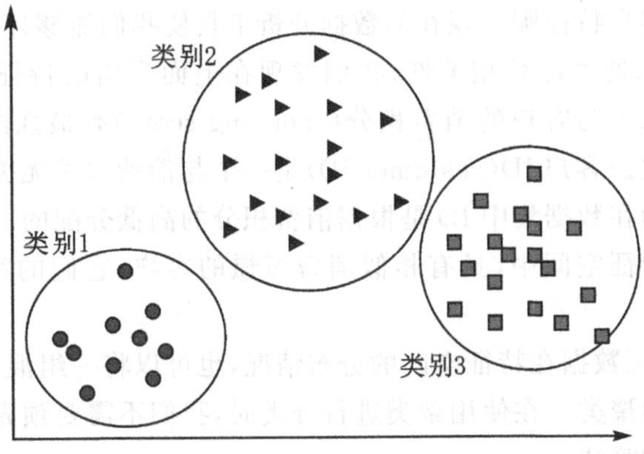

图 6-8 特征点在特征空间中的分布

方法之一。它的原理是通过计算不同样本的特征点在特征空间之中的距离，从而判断样本之间的相似程度来进行分类。当一个类别的样本距离需要预测的对象越近，距离近的样本越多，预测对象就越有可能属于这个类别。所以我们要将一个对象进行分类时，可在特征空间中找出和它距离最近的 K 个样本特征点(即 K 个最近邻)。如果这 K 个邻居更多地属于某一个类别，则认为该对象也属于这个类别。KNN 算法中，由于训练样本的所属类别是已知的，那么所选择的邻居也都知道其正确分类。该方法在定类决策上只依据距离最近的 K 个样本的类别来决定预测对象的类别，其中 K 通常是不大于 20 的整数。有关 KNN 分类方法的具体原理和使用方法可以参看本书对应的实验书的相关内容。

因为 KNN 算法要求已知现有的训练样本的正确类别(因为我们需要知道新样本和它们中的哪些最相似)，因此 KNN 是一个有监督学习算法。如果我们并不知道现有的样本属于什么类别，又要如何进行分类呢？我们将通过下一节的内容进行介绍。

6.5.2 客户分类

1. 案例描述

在互联网时代，人们越来越多地使用互联网进行采购，各类网络电商如雨后春笋般出现。伴随着这种现象的是网络商家对客户资源的竞争。商家越是能满足客户的需求，就越具有竞争优势。然而，无限制地满足所有客户的需求是不切实际的，毕竟商家能够拿到的资源有限。因此，对客户进行分析分类，识别不同客户群体的价值，将资源尽可能多地分配给对商家利益贡献最大的客户群体，就显得十分必要。

假设你经营着一家网店，你的网站会通过调查问卷收集一些客户的信息，如客户的注册 ID，客户的性别、年龄、联系电话、年收入等。客户每次消费都会有消费积分，通过积分就可以知道客户消费的多少。基于此，你可以通过分析客户的消费行为确定哪些客户是你的目标客户，并将分析结果传递给市场部门用来调整商品结构。

2. 案例分析

从上一节的内容我们已经知道，进行分类的第一步是提取特征。你的网站所收集的客户信息，都可以看作是客户的特征。但这些特征并不都与客户的消费行为有关。如何选取和消费积分最直接相关的客户特征呢？现在的数据分析工具使我们能够计算每种特征之间的相关性。如图 6-9(a)所示，通过计算相关性，我们发现在上面列出的特征中，客户的年收入(annual income)和年龄(age)与客户的消费积分(spending score)有最强的关联。其中客户的年龄与消费水平呈负相关。客户 ID(customer ID)是一个与消费水平无关的特征，在这里相关性分值比较高可能是因为在数据集中 ID 是根据消费积分的高低分配的。那么在使用年收入、年龄和消费积分绘制的特征空间中，具有相似消费习惯的客户，它们的特征点应该会聚集成一簇，如图 6-9(b)所示。

可见，通过分析特征数据在特征空间的分布情况，也可以将一组混合的不同类型的数据分开。这种方法我们称为聚类。在使用聚类进行分类时，我们不需要预先知道任何样本的类别，因此它是一种无监督的算法。

```
Spending Score (1-100)      1.000000
CustomerID                  0.013835
Annual Income (k$)          0.009903
Age                        -0.327227
Name: Spending Score (1-100), dtype: float64
```

(a) 客户特征的相关性

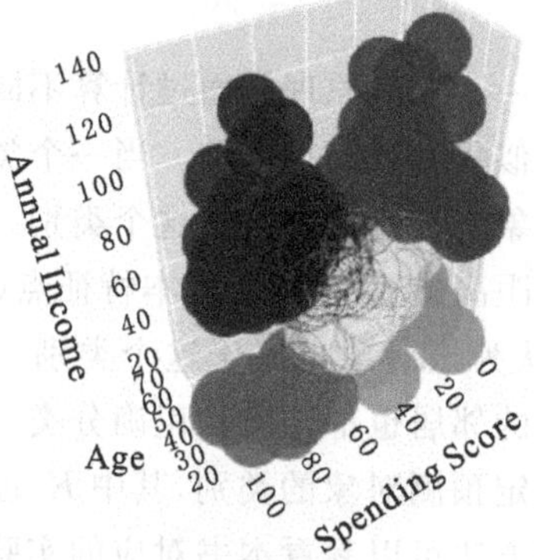

(b) 特征点的聚集

图 6-9 客户特征的相关性与特征点的聚集

3. 解决方案

在客户分类问题中，我们使用一种经典的聚类方法，就是 K 均值聚类(K-means clustering)。使用这种方法需要知道最终分类的类型数目 K，如果这个数目是未知的，那么我们可以尝试一系列不同的分类数，每次计算出聚类结果中所有样本点到簇心的距离总和，选择其中距离总和的拐点所对应的分类数作为最终的类型数目 K。在开始时，没有一个样本知道自己属于哪一个类型，或者说没有一个样本知道自己属于特征空间中的哪一簇。实际上，这时候我们根本没有建立起“簇”。于是我们随机指定 K 个样本，作为每一个类别的初始聚类中心。接下来，我们计算出每一个样本到 K 个聚类中心的距离，并把它归到距离最近的那个中心所代表的类别中。

经过上面的过程，我们已经有了 K 个初始的“簇”。但这时，我们随机选定的样本已经不能代表各个簇的中心。每个类别的中心应该是这个类别中所有样本的平均特征。因此我们计算各个类别的平均特征值，将得到的新特征向量作为这个簇的新中心。

值得注意的是，这个新的中心已经不再是一个确定的样本，而更接近特征空间里的簇在几何意义上的中心。这个几何意义上的中心有可能会离我们最初随机选中的中心比较远。于是一开始因为接近随机选中的初始中心比较近的点，有可能会远离新的中心，反而离其他类别簇的中心更近一些。这时我们要重新计算每个样本到各个中心的距离，再重新进行一次类别的划分。我们一直重复这个过程，直到聚类中心与划分方式不再发生变化，就得到了最终的聚类结果。聚类方法使得人工智能不再依赖人类的知识，能够通过自己的观察独立得到只属于自己的答案。

思考

你认为终极的人工智能应该是监督学习的，还是无监督学习的呢？为什么？

4. 聚类能用来做什么

智能手机正变得与我们的生活结合得越来越紧密。许多人走到哪儿都带着自己的智能手机，也养成了随手拍照的习惯。比如和家人、朋友聚会时，常常会用手机拍照留念。人们的智能手机中正在存储越来越多的照片。如此之多的照片存储在手机中，会不会显得非常杂乱？当我们想要找到某张和别人的合影时，会不会翻半天也找不到？

现在很多品牌的智能手机都增加了人脸聚类的功能，它能够将相册中多次出现的人脸自动进行归类。它的原理框架和客户分类大体相同：首先提取出照片中的人脸特征，然后再用聚类算法挖掘人脸的特征空间中相近的特征。如果一张照片中包含了多张人脸，还可能被划分入多个类别中。

聚类算法也会被用于路线规划。有些企业可能会为它们的员工提供班车，班车的路线最好尽可能地覆盖员工的住址。然而由于员工可能分散地住在不同的地方，可以先用聚类算法将员工的住址按照经度纬度坐标分成不同的簇，将簇的中心作为班车经过的乘车点。居住在乘车点附近的员工则可以选择自行前往乘车点。

6.5.3　文本情感分析

1. 案例描述

现如今互联网上每天都在产生海量的评论信息。这些评论不仅数量众多，评论的内容和对象也多种多样。我们听一首歌，会在发布这首歌的平台上留下对这首歌的评价；我们去一家餐馆，会在点评网站对用餐环境和菜品进行赞扬或者批评。社交媒体上的各种留言表达了人们对于人物、事件、服务、商品等的主观评价。基于此，关注这些人、事、物的人就可以通过浏览这些带有主观情感的评论进行选择，企业也可以了解消费者对于自己产品的满意程度。

2. 案例分析

网络社交媒体的蓬勃发展催生了情感分析的快速崛起。情感分析试图评估人们对产品、服务、事件或者人物、组织等实体的态度，思路是了解人们看待这些事物的主观倾向和情绪。而电商平台，论坛，社交媒体如微博、微信的快速发展使得我们有海量的评价记录可以参考。情绪分析发展到今天，已经不再局限于计算机科学，而是已经成为融合了管理科学、社会科学、医学等学科的综合性研究领域，一跃成为自然语言处理中最活跃的研究领域之一。不仅如此，它还能提供极其重要的商业价值。

在 20 年前，如果一个人想购买产品，他可能会咨询认识的朋友和家人。而现在，由于社交网络和各种电商平台的存在，他可以很容易地找到该产品的用户评论和对产品的测评。在这些评论和测评中，可能会有很多意想不到的收获，而不仅仅是查询到想获得的信息。对于一个组织，当它需要收集公众意见时，可能不再需要进行显式的民意调查，因为网上有丰盈的信息可供参考。

近年来，我们目睹了形形色色的通过社交媒体重塑企业形象、讨论明星生活、引发公众的情绪和情感的事件。越来越多的事件在网络上掀起舆论浪潮，冲击着我们的生活。社交网络的飞速发展在带给人们方便生活和娱乐的同时，也正在改变传统的社会秩序，带来严峻的社会道德问题。我们自然而然地会想到可以运用情感分析来帮助政府部门加强对网络舆论的管控。通过建设舆情系统，政府部门可以第一时间监测网络言论的情感变化和发展趋势，从而避免恶性事件或者是虚假事件的发生。

总体上来说，找出人们对某些事物的不同态度是情感分析的最终目的。这里的态度可以有不同的形式，比如可以是主观的评价或判断，也可以是对待具体事物的情感倾向和情绪状态。对于某些形式的媒体或作品，这个态度也有可能是作者想要传递给读者的情绪，即作者希望读者体验到的情绪。

3. 解决方案

在进行情感分析时，往往要对文本进行分割。粒度最细的分割单位是词语，接下来是句子。粒度最粗的分割单位是篇章。因此情感分析也可以分为以下 3 个层次。

1）词语级

句子和文章一般是由词语组成的（标点等略），词语级的情感分析奠定了句子级和篇章级情感分析的基础。最简单的情感分析就是判断词语所表达的情感是正面的还是负面的。在实际应用中，词语所表达的情感可以非常丰富。词语级的情感分析主要有以下 3 种方法。

（1）基于词典的分析方法：从词典中选出一些具有正面或负面情感的词汇，计算需要进行情感分析的词语与这些词汇之间的相似程度。在这个过程中，可以利用词典的结构层次，进行近义词和反义词的判断。含义越相近的词汇越有可能属于同一类情感。

（2）基于语料库的分析方法：这类方法是基于机器学习对词语的情感进行分类的技术。这里我们需要一个语料库，该语料库中的词汇都是已知情感类别的词汇。那么我们就可以将语料库中的词汇和它们的情感类别作为训练数据去训练机器学习的模型，然后将需要进行情感分析的词语输入训练好的模型进行判断。

（3）基于互联网的分析方法：互联网的搜索引擎能够获取用户查询某一词语的统计信息，这些统计信息可以计算出该词汇与其他已知情感类别的词汇的相似程度。

2）句子级

有了词语的情感信息，句子的情感分析也就可以搭建出来了。句子中所包含的词语除了我们通常意义上所定义的用于具体语义的词汇外，还包含一些没有具体语义的修饰词、符号等，这些修饰词和符号也会包含情感信息。总体上来说，句子级的情感分析方法也可以划分为与词语级情感分析相似的 3 大类：

（1）基于词典的分析方法；

（2）基于语料库的分析方法；

（3）基于互联网的分析方法。

在这里我们不再赘述这 3 类方法的具体内容。对于句子的情感分析我们会预先定义几种大的情感类别，如高兴、难过、生气、恐惧等。实际上一个句子有可能包含非常复杂的情感信息，这就表示一个句子可能会对应多种情感。这时我们会对句子所对应的多种情感分配不同的强度值来实现分类。

3)篇章级

篇章级的情感分析比句子级又高了一个层次,因此也更加复杂。简而言之,篇章级的情感分析往往是为文章"定性",也就是掌握文章的整体情绪是传达一个正面还是负面的意见。这个文章可以是一段对商品的评价,或者对某件事的评论。更具体地说,我们会建立和使用模糊情感词典。在这个词典中,自然语言处理和模糊逻辑技术相结合,对其中所包含的词语进行多种类别的标注,并且每种类别都会有其对应强度。而篇章级的文本情感则是综合了其中所包含的词语的整体评分。

6.5.4 啤酒与尿布

1. 案例描述

在一家超市里,有这样一个有趣的现象:婴儿尿布和啤酒赫然摆在一起出售(如图 6-10 所示)。这两个商品看似毫不相关,但摆放在一起后,尿布和啤酒的销量双双增加了。是不是觉得很奇怪?这是全球零售业巨头沃尔玛公司在分析顾客消费数据时计算出的结论,"啤酒+尿布"案例已成为大数据应用的经典案例,被人津津乐道。

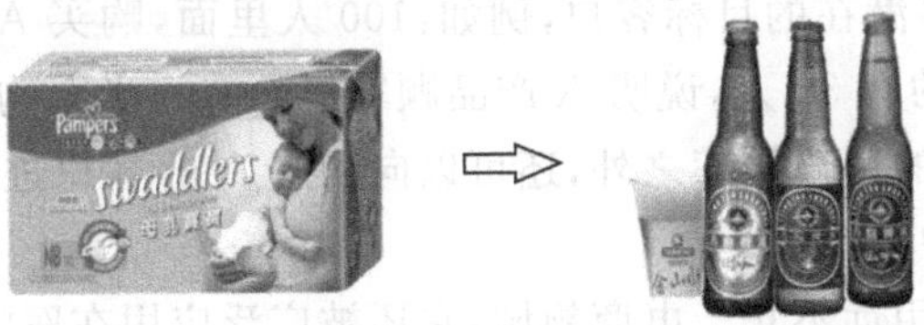

图 6-10 啤酒与尿布

2. 案例分析

沃尔玛公司每家商店都有数以万计的商品在售,每天的销售活动会产生大量的交易数据。为了了解顾客们的购买喜好,沃尔玛公司的数据分析师们对顾客们的历史交易数据进行建模分析、数据挖掘,分析顾客们普遍会经常一起购买哪些商品。一个意外的发现正是"跟尿布一起购买最多的商品竟是啤酒!"后来,又经过大量实际调查和分析验证,发现尿布和啤酒背后真的是有关联性的,这源于美国人的一种购物习惯:年轻的父亲们下班后经常要到超市去买婴儿尿布,而他们经常会随手带一些喜欢的啤酒来犒劳一下自己。

沃尔玛公司从海量的看似无规律的大数据中,发现了啤酒与尿布销售之间的关系,为商家带来了巨大的利润。这个案例又给我们带来什么启示呢?

3. 解决方案

其实,这种通过分析已有数据,挖掘几个事物之间潜在的关联性的方法,就叫作关联分析法。在商场和电商领域也被称作"购物篮分析"。我们有很多方法可以衡量关联性,最常用的就是记录两个样本同时出现的频率,例如在电商领域常用两个商品一起被购买的频率衡量二者的关联性。这其中有两个基本度量:支持度(support)和置信度(confidence)。

支持度:是指事物 A 与事物 B 在同一次事务中出现的可能性,例如在 100 位顾客的购物记录中，同时出现了啤酒和尿布的次数是10次，那么此关联的支持度为10%。

置信度：是指事物A出现时，事物B出现的概率，例如在100次购物交易中，出现啤酒的次数是20，同时出现啤酒和尿布的次数是10，那么此关联的置信度为10/20=50%。

关联性分析的主要目的就是找到事物之间的支持度和置信度都比较高的规则。

4. 关联分析能用来做什么

关联分析大家可能并不熟悉，但说到它的典型应用——个性化推荐系统，大家一定或多或少都接触过。例如在购物网站中的商品推荐、音乐APP中的音乐推荐等，都是关联分析的应用。

个性化推荐系统，简单来说就是根据用户以往的使用数据，预测用户个人偏好，从而推荐他可能喜欢的物品或服务。淘宝的个性化推荐系统给商家带来巨大收益，音乐网站总是能找到你喜欢的类型的歌曲，社交平台可以给用户推荐喜欢领域的热门用户或者其他相关朋友……越来越多的公司将推荐系统作为产品的标配。

以购物网站为例，商家可以通过关联分析，对关联性较高的商品推出相应的促销礼包或优惠组合套装，快速帮助提高销售额，例如面包和牛奶的早餐组合。还可以进行相关产品推荐，当你在购物网站购买某一商品时，会提示你可能还想购买某某商品。例如当你购买了一个烤箱，会推荐烘焙工具给你；当购买了一件上衣，可能会推荐搭配的裤子……除此之外，关联分析还可以帮助商家寻找更多潜在的目标客户，例如：100人里面，购买A的有60人，购买B的有40人，同时购买A和B的有30人，说明A产品顾客里面有一半会购买B。所以，当推出类似B的产品，除了向产品B的用户推荐之外，还可以向购买A的客户进行推荐，这样就能最大限度地寻找更多的目标客户。

当然，关联分析的应用远不止于电商领域，它还被广泛应用在医疗诊断、网络舆情监控、气象关联分析，甚至人类基因组中的蛋白质序列分析等场景中。

6.5.5 心脏疾病诊所

1. 案例描述

假设你是一名新入职的医生，专攻心脏疾病，在大学课本中你已经知道了心脏病、心口疼痛患者的病因、典型症状等知识。于是你想根据医院临床的一些病例数据建立一个心脏疾病诊所，为其他医生提供辅助诊疗。

2. 案例分析

判断患者是什么病，这其实是一个基于概率的推理问题，贝叶斯网络是目前不确定推理领域最有效的理论模型之一。

贝叶斯网络(Bayesian network)是基于贝叶斯定理提出的。贝叶斯定理是英国学者贝叶斯在18世纪提出的。贝叶斯定理中，设X表示属性集，Y表示类变量。如果类变量和属性集之间的关系不确定，则可以把X和Y看作是随机变量，用$P(Y|X)$来表示二者之间的关系。这个概率称作Y在条件X下的后验概率(posterior probability)。与之对应，$P(Y)$即为Y的先验概率(prior probability)。同理$P(X|Y)$是在条件Y下X的后验概率，$P(X)$是X的先验概率。贝叶斯定理提供了利用$P(X)$、$P(Y)$和$P(X|Y)$来计算后验概率$P(Y|X)$的方法。定理公式如下：

$$P(Y \mid X) = P(X \mid Y)P(Y)/P(X)$$

3. 解决方案

根据医学知识，造成心脏病(HD)的因素可能有饮食(D)和锻炼(E)。不健康的饮食及缺乏锻炼都会增加患心脏病的概率，心脏病带来的相应症状包括高血压(BP)和胸痛(CP)等。与此类似，心口痛(Hb)可能是因为饮食不健康造成的。

清楚病理后，根据一些调查统计和历史病理假设以下数据：

70%的人有良好的锻炼习惯；

25%的人有健康的饮食习惯；

饮食不健康且缺乏锻炼的人患心脏病的可能性高达 75%；

患有心脏病的病人 85%都有高血压的症状；

……

根据这些数据，我们可以建立一个简单的贝叶斯网络模型，网络中我们将可观察到的变量抽象为一些节点，如果两个节点用一个箭头连接在一起，则表示它们之间有因果关系。箭头出发的节点即为“因”，箭头指向的节点即为“果”，两个节点之间就会产生一个条件概率值，如图 6-11 所示。

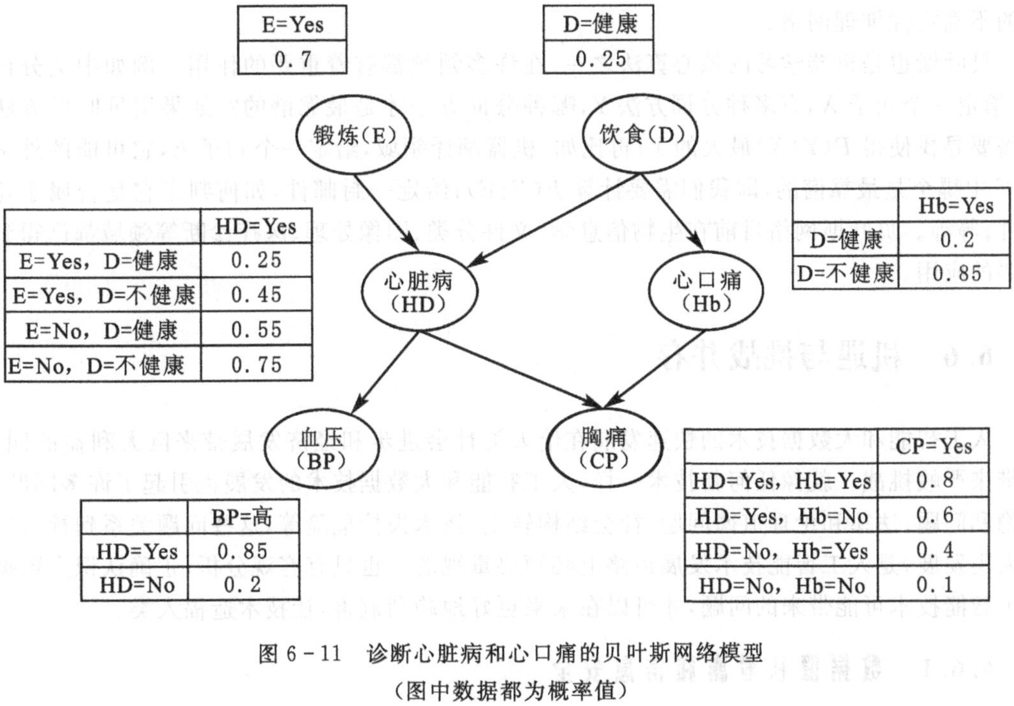

图 6-11　诊断心脏病和心口痛的贝叶斯网络模型

(图中数据都为概率值)

假设诊所来了一位心脏不适的病人，医生在没有任何先验信息的情况下，可以利用图 6-11 所示的贝叶斯网络模型对病人进行诊断。该模型可以通过计算先验概率 $P(\text{HD})$ 来判断该病人是否患有心脏病的可能性。可以计算出此人患有心脏病的概率为 $P(\text{HD}=\text{Yes})=0.49$，没有患心脏病的概率为 $P(\text{HD}=\text{No})=0.51$。因此，此人是否患病的可能性相差不大，还不太好作判断。

而当我们向患者咨询信息或进行了某些诊断，将获得的信息输入贝叶斯网络，网络中的概率就会自动调整。换句话说，假设我们了解了患者的足够信息，根据这些信息获得统计知识，网络就会告诉我们合理的推断。这就是贝叶斯推理的强大之处。

例如经过诊断，该病人确诊有高血压，就可以更准确判断病人是否患有心脏病，即通过计算后验概率 $P(\mathrm{HD}|\mathrm{BP}=\text{高})$来判断。按照计算后验概率的公式可以知道：

$$P(\mathrm{HD}=\mathrm{Yes}\mid \mathrm{BP}=\text{高})=\frac{P(\mathrm{BP}=\text{高}\mid \mathrm{HD}=\mathrm{Yes})P(\mathrm{HD}=\mathrm{Yes})}{P(\mathrm{BP}=\text{高})}$$

经计算，此时此病人患心脏病的后验概率 $P(\mathrm{HD}=\mathrm{Yes}|\mathrm{BP}=\text{高})$为 0.8033，没有患心脏病的概率 $P(\mathrm{HD}=\mathrm{No}|\mathrm{BP}=\text{高})$为 0.1967。可以看出，对血压的诊断信息影响了贝叶斯网络，该病人患有心脏病的概率明显增加。

4. 贝叶斯网络能用来做什么

在日常生活中，人们往往进行常识推理，而这种推理通常是不准确的。例如，你看见一个头发潮湿的人走进来，你认为外面下雨了，那你也许错了。在工程问题中，我们也同样需要进行科学合理的推理。但是，工程实际中的问题一般都比较复杂，而且存在着许多不确定性因素。这就给准确推理带来了很大的困难。很早以前，不确定性推理就是人工智能的一个重要研究领域。为了提高推理的准确性，人们引入了概率理论，贝叶斯网络实质上就是一种基于概率的不确定性推理网络。

贝叶斯也是机器学习的核心算法之一，在许多领域都有着重要的作用。例如中文分词领域，给定一个句子 X，有多种分词方法 Y，哪种分词方法才是最靠谱的？如果用贝叶斯方法就是需要寻找使得 $P(Y|X)$最大的 Y；再比如，机器翻译领域，给定一个句子 E，它可能的外文翻译 F 中哪个是最靠谱的，即我们需要计算 $P(F|\mathrm{E})$；给定一封邮件，如何判定它是否属于垃圾邮件；等等。贝叶斯网络目前在生物信息学、文件分类、图像处理、医疗诊断等领域都已得到了重要的应用。

6.6 机遇与挑战并存

人工智能和大数据技术的快速发展在给人类社会进步和经济发展带来巨大利益的同时，也带来严峻挑战。就像任何新技术一样，人工智能和大数据技术的发展也引起了许多问题，包括隐私问题、法律和伦理道德问题、社会结构转变、技术失控危险等，这些问题关系到社会稳定和人类发展，是人工智能技术发展道路上必须要重视的。也只有客观分析、正确认识大数据和人工智能技术可能带来的问题，才可以在未来更好地趋利避害，让技术造福人类。

6.6.1 数据隐私泄露和信息安全

大数据时代，数据是最重要的资源，其安全性也就显得尤为重要。

用户在进行各种网络行为时，其个人身份信息、位置信息、交易记录、社交关系等数据都随时随地，或主动或被动地被网络记录、保存。据统计，大多手机 APP 都有获取用户隐私权限。用户往往并不清楚这些信息会被保存在何处，会被用于哪些应用，谁该对这些信息负责。如果任由网络平台运营商采集、保存、甚至兜售用户数据，那么个人隐私将无从谈起。同时，部分大型数据公司的信息保护工作做得并不够完善，还有一些信息技术本身就存在安全漏洞，可能导致数据泄露、伪造、失真等问题，影响信息安全。

所以，大数据时代给隐私保护和信息安全带来极大挑战，这不仅需要更先进的技术，还需要个人提高保护意识、企业遵守行业规范、政府完善法律制度等多方共同努力。

6.6.2　社会结构、思维方式与观念的变化

比尔·盖茨曾预言未来社会家家都有机器人。他说，“现在，我看到多种技术发展趋势开始汇成一股推动机器人技术前进的洪流，我完全能够想象，机器人将成为我们日常生活的一部分。”盖茨的预言也开始实现。现在，各种服务机器人已进入千家万户，人们每天都在和各种机器打交道。未来，随着机器智能化的快速提高，机器的应用将更加广泛，从医院里看病的“医生”，旅馆、饭店和商店的“服务员”，到办公室的“秘书”等，都有可能由智能机器来担任，人们将不得不学会与智能机器相处，逐渐适应“人-智能机器-非智能机器”共处的社会结构。

智能机器人的广泛应用可以代替人类从事多数体力或脑力劳动，尤其是一些重复、危险，或人类身体无法从事的工作，可以极大提高社会生产效率。但同时这也意味着很大一部分工作人员将被迫下岗（如图 6－12 所示）。2013 年英国牛津大学的一项研究报告称：未来有 700 多种职业都有被智能机器替代的可能性，越是可以自动化、计算机化的任务，就越有可能交给智能机器完成。因此，人们需要不断学习新技术、胜任更有创造性的工作来适应这种变化。

图 6－12　劳动就业问题

人工智能的发展与推广应用也将影响人类的思维方式和观念。当人们越来越信任和依赖智能机器的判断和决定，人们可能就不愿多动脑筋，主动思考能力和判断力会逐渐下降，甚至对自己的任务失去责任感。因此，让人类的智力和创造性积极参与到处理问题的过程中也是很重要的。

智能机器人将快速发展

大家知道，智商（IQ）即智力商数，是衡量个人智力高低的一个标准。设定人的平均 IQ 为 100，爱因斯坦的 IQ 为 190，属于特高智商，而达芬奇的 IQ 为 205，是至今已知的个人最高智商。据预测，随着计算机智能程度的不断提高，20 年后人工智能的 IQ 将达到 10000。

另一个数据，预测未来 20 年智能机器人（含工业机器人、服务机器人、智能驾驶

汽车等)的数量会达到100亿以上,将超过人口总量。从这两个数据可以看到,就某些重要指标而言,20年后智能机器人将从数量到质量全面赶超人类。智能机器人的进步,将为人类做出全面的更大贡献。

6.6.3 技术失控的危险

越是强大的东西越要注意其危险性,新技术也是如此。人工智能如果运用得当会给社会带来巨大的进步,但如果技术发展失控,或者被某些不法分子所利用,那也会给整个社会带来莫大的危险。现在也有人担心当智能机器在各方面能力都远超人类,并且产生主观思想和情感后,会奴役它们的创造者——人类,威胁到人类的自由和安全,即便有"机器人三原则",也无法完全打消人们的焦虑。对此,我们必须保持高度警惕,在发展人工智能的同时致力研究相匹配的防范手段。

机器人三原则

"机器人三原则"是由著名的美国科幻作家阿西莫夫提出的:

1. 机器人不得伤害人类,或看到人类受到伤害而袖手旁观。
2. 机器人必须服从人类的命令,除非这条命令与第一条相矛盾。
3. 机器人必须保护自己,除非这种保护与以上两条相矛盾。

如果把这个"机器人三原则"推广到整个智能机器领域,成为"智能机器三原则",那么,人类社会就会更容易接受智能机器和人工智能。

6.6.4 法律和道德问题

人工智能的发展与应用带来了许多法律问题,例如:智能汽车在自动驾驶时发生事故,造成的伤害应该由谁负责?智能机器人提出的观点甚至政治主张是否应该被尊重?传统法律将面临巨大挑战,法律观念将被重新构建。这将是一个智能机器与人高度融合的时代。在这个时代,我们将与智能机器一起生活、一起工作、一起思考。人类需要完善法律法规,引导智能机器的发展进入正确轨道,维护社会的长治久安。

人工智能带来的伦理问题也应该引起全社会的关注,例如:智能机器人可以看护孩子与老人的日常生活起居,但是否能带来感情的抚慰与陪伴呢?人类如何通过编程实现机器人道德,使机器具有人类的同理心、负罪感?如果未来的智能机器人在外形、行为、情感上都与人类非常接近,那它是否能称为"人"?也许,未来人工智能研究人员需要将道德编制为相应算法指导机器人的行为,同时也要思考和解决相关的哲学问题。

习题

一、选择题

1. 被誉为"人工智能之父"的科学家是( )。

A. 诺贝尔　　　　B. 图灵

C. 冯·诺依曼　　　　D. 巴贝奇

2.(　)年夏天,美国达特茅斯学院举行了历史上第一次人工智能研讨会,被认为是人工智能诞生的标志。

A. 1956　　B. 1966

C. 1981　　D. 1997

3. 以下哪项不属于大数据的特征?(　)

A. 数量巨大　　B. 产生速度快

C. 多样性　　D. 没有价值

4. 人工智能的研究内容包括(　)。

A. 机器学习　　B. 计算机视觉

C. 机器人技术　　D. 以上都是

5. 机器学习有多种不同的方式,使用大量未标记数据及小部分标记数据进行学习的方式称为(　)。

A. 监督学习　　B. 无监督学习

C. 半监督学习　　D. 深度学习

6. 下列关于 KNN 的说法正确的是(　)。

A. KNN 是有监督学习算法　　B. KNN 是无监督学习算法

C. KNN 是半监督学习算法　　D. KNN 是聚类算法

7. 用人工智能搭建的分类系统,需要哪些部分?(　)

A. 特征提取　　B. 分类器

C. A 和 B　　D. 以上都不是

8. K-means 方法和 KNN 方法的不同点在于(　)。

A. 分类的数目不同

B. K-means 方法是无监督学习算法,KNN 是有监督学习方法

C. KNN 是有监督学习方法,K-means 是无监督学习方法

D. 以上说法都不对

9. 文本情感分析按照文本的粒度不同,可以分为(　)。

A. 文本级　　B. 句子级

C. 词语级　　D. 以上都正确

二、思考题

1. 请举例说出你在日常生活中遇到的与人工智能相关的应用或事例。

2. 什么是大数据? 大数据有哪些来源?

3. 就人工智能引发的社会问题中的某一方面,详细谈谈自己的看法。

4. 手写数字识别可以用聚类方法完成吗? 如果可以,需要哪些步骤?

5. 在你的设想中,终极的人工智能系统应该是有监督的还是无监督的? 为什么?

6. 试着从分类问题的角度设计一个文本情感分析的人工智能系统。

参考文献

[1]王移芝,鲁凌云,许宏丽,等.大学计算机[M].6版.北京:高等教育出版社,2019.
[2]郝兴伟.大学计算机:计算思维的视角[M].3版.北京:高等教育出版社,2014.
[3]陈国良.计算思维导论[M].北京:高等教育出版社,2013.
[4]吴宁,崔舒宁,齐琪.大学计算机[M].北京:高等教育出版社,2020.
[5]莎拉·芭氏,亨利.IT之火:计算机技术与社会、法律和伦理[M].5版.郭耀,译.机械工业出版社,2020.
[6]方弦.计算的极限(零):逻辑与图灵机[J].语数外学习(高中版上旬),2018(8):60-64.
[7]PATTERSON D A,HENNESSY J L.计算机组成与设计硬件/软件接口[M].郑伟民,等译.机械工业出版社,2007.
[8]战德臣,聂兰顺.大学计算机:计算思维导论[M].北京:电子工业出版社,2013.
[9]李效伟,杨义军.虚拟现实开发入门教程[M].北京:清华大学出版社,2020.
[10]苏泽兰.计算机图形学的发展历程[J].李健,辛爽,译.中国计算机学会通讯,2014(12):6-9.
[11]刘永进.中国计算机图形学研究进展[J].科技导报,2016,34(14):76-85.
[12]林伟伟,彭绍亮.云计算与大数据技术理论及应用[M].北京:清华大学出版社,2019.
[13]桂小林.物联网技术概论[M].2版.北京:清华大学出版社,2019.
[14]杨保华,陈昌.区块链原理、设计与应用[M].北京:机械工业出版社,2017.
[15]顾炳文.风口区块链[M].北京:民主与建设出版社,2018.
[16]陈玉琨,汤晓鸥.人工智能基础高中版[M].上海:华东师范大学出版社,2018.
[17]刘鹏,张燕,付雯,等.大数据导论[M].北京:清华大学出版社,2018.
[18]ZHAI S, ZHANG Z M. Semisupervised autoencoder for sentiment analysis[C]// Thirtieth AAAI Conference on Artificial Intelligence. AAAI Press, 2016:1394-1400.
[19]ANON. What-when-how:In depth tutorials and information[EB/OL].[2021-03-05]. www. what-when-how: com/introduction-to-video-and-image-processing/neighborhood-processing-introduction-to-video-and-image-processing-part-1/.
[20]吴为.区块链实践[M].北京:清华大学出版社,2019.